地质遥感任务规划与调度

王茂才　戴光明　陈晓宇
宋志明　彭　雷　王力哲　编著

U0389429

科学出版社
北京

内 容 简 介

随着航天事业的高速发展，我国成像卫星的数量和种类日益丰富，对地观测任务需求日益增多，成像卫星任务规划与调度问题成为亟待解决的问题。本书以地质监测对遥感资源的需求为焦点，面向中低轨对地观测卫星任务规划的应用需求，以作者近年来在成像卫星任务规划与调度问题上的研究成果为基础，主要内容包括多星多任务协同规划、基于冲突分解的数学规划方法、基于优先级和冲突避免的规划方法，以及多星联合调度规划系统等。本书部分插图配有彩图，封底扫二维码，进入"多媒体"，可查看彩图。

本书适合航天工程实践、航天工程管理、航天技术运用、遥感地质等相关领域的科研人员、工程技术人员阅读，也可作为高等院校有关专业高年级本科生、研究生及高校教师的参考书。

图书在版编目（CIP）数据

地质遥感任务规划与调度/王茂才等编著. —北京：科学出版社，2022.1
ISBN 978-7-03-071207-3

Ⅰ.① 地… Ⅱ.① 王… Ⅲ.① 地质遥感-研究 Ⅳ.① P627

中国版本图书馆 CIP 数据核字（2021）第 270918 号

责任编辑：杨光华/责任校对：高 嵘
责任印制：赵 博/封面设计：苏 波

科 学 出 版 社 出版
北京东黄城根北街 16 号
邮政编码：100717
http://www.sciencep.com
三河市骏杰印刷有限公司印刷
科学出版社发行 各地新华书店经销
*
开本：787×1092 1/16
2022 年 1 月第 一 版 印张：10 1/4
2025 年 3 月第三次印刷 字数：245 000
定价：80.00 元
（如有印装质量问题，我社负责调换）

前　言

本书以地质监测对遥感资源的需求为焦点，围绕作者近年来主持民用航天预研项目及国家自然科学基金等项目的研究成果，以作者及项目团队在卫星任务规划与调度问题上的研究成果为基础，针对有限卫星资源限制、大规模高维任务需求和复杂任务操作约束，深入研究多星联合对地观测调度规划问题求解模型和算法设计，重点针对多星多任务协同规划、基于冲突分解的混合整数线性规划模型构建、基于优先级和冲突避免的启发式任务与资源分配策略及多星联合调度规划系统等方面进行深入论述。本书还对项目团队基于VC++平台研发的具有完全自主知识产权的独立于STK软件的多星联合调度规划系统进行论述，该系统能够提供多种优化手段来完成近地卫星星座设计、卫星规划与调度、覆盖分析、通信链路分析等任务并进行动态仿真。

本书共8章：第1章介绍地质遥感基础；第2章分析地质应用对遥感卫星的需求；第3章简要介绍卫星任务规划基础；第4章介绍多星多任务协同规划；第5章介绍基于冲突分解的数学规划方法；第6章介绍基于优先级和冲突避免的规划方法；第7章介绍项目团队研发的多星联合调度规划系统；第8章介绍高分卫星地质应用规划结果性能分析。

本书写作分工：第1章由王茂才编著，第2章由王力哲编著，第3章由戴光明编著，第4章由宋志明编著，第5、6章由陈晓宇编著，第7章由彭雷编著，第8章由王茂才编著，王茂才负责全书的统稿工作。

本书的出版得到国家自然科学基金面上项目（No.41571403、No.62006214）、民用航天"十三五"预先研究项目、航空科学基金项目（No.2018ZCZ2002）、中国博士后科学基金特别资助项目（No.2012T50681、No.2019TQ0291）、地质探测与评估教育部重点实验室主任基金项目（No.GLAB2019ZR04）、湖北省自然科学基金项目（No.2019CFB376）等的资助，在此表示深深的谢意！

中国国际战略学会安全战略研究中心陶家渠研究员为本书的研究工作提供了很多帮助。中国地质大学（武汉）计算机学院空间信息工程实验室的武云、吴焕芹、包芊、曹黎、宋博文、吉学琴等人做了大量细致的研究工作。总之，本书是实验室集体智慧的结晶。

由于作者水平有限，书中不足之处在所难免，恳请专家、读者批评指正。

作　者
2021年1月

目　　录

第1章 地质遥感基础

1.1 基本概念

遥感（remote sensing，RS）：不与目标接触，从远处用探测仪器接收来自目标物的电磁波信息，通过对信息的处理和分析研究，确定目标物的属性与目标物相互间的关系（田淑芳和詹骞，2013）。

遥感技术：把从不同遥感平台上使用遥感传感器收集到的地物电磁波信息传输到地面加以处理，从而达到对地物的识别和监测的全过程。

遥感信息（RS information）：利用安装在遥感平台上的各种电子和光学遥感器，在高空或远距离处接收到的来自地面或地面以下一定深度的地物反射或发射的电磁波信息。

遥感地质学：在地质与成矿理论指导下，研究如何应用遥感技术进行地质与矿产资源调查研究的学科，是遥感技术与地球科学相结合的一门交叉学科（田淑芳和詹骞，2013）。

遥感的基本出发点：根据遥感器所接收到的电磁波特征的差异识别不同的物体。

遥感的物理基础：电磁辐射与地物相互作用机理（反射、吸收、透射、发射）。

1.2 遥感工作系统

遥感工作系统分为星载分系统和地面分系统两大部分。

1.2.1 星载分系统

星载分系统由遥感平台和传感器组成，负责从高空收集地物的电磁辐射信息，是遥感工作系统的核心。

1. 遥感平台

遥感平台主要包括地面平台、航空平台和航天平台三部分。

1）地面平台

三角架、遥感塔、遥感车和遥感船等与地面接触的平台称为地面平台或近地面平台。

它通过地物光谱仪或传感器来对地面进行近距离遥感，完成测定各种地物波谱特性及影像的实验研究。

（1）三角架：0.75～2.0 m，用于测定各种地物的波谱特性和进行地面摄影。

（2）遥感塔：固定地面平台，用于测定固定目标和进行动态监测，高度在 6 m 左右。

（3）遥感车、船：高度变化，用于测定地物波谱特性、取得地面图像。遥感船除了从空中对水面进行遥感，还可以对海底进行遥感。

2）航空平台

航空平台包括飞机和气球。飞机按高度可以分为低空平台、中空平台和高空平台。

（1）低空平台：2 000 m 以内，位于对流层下层中。

（2）中空平台：2 000～6 000 m，位于对流层中层。

（3）高空平台：12 000 m 左右，位于对流层以上。

气球按高度可分为低空气球和高空气球。

（1）低空气球：凡是发放到对流层中的气球称为低空气球。

（2）高空气球：凡是发放到平流层中的气球称为高空气球。可上升到 12～40 km 的高空。填补了高空飞机升不到、低轨卫星降不到的空中平台的空白。

3）航天平台

航天平台包括卫星、火箭、航天飞机、宇宙飞船。

2. 传感器

传感器是收集、探测、记录地物电磁波辐射信息的工具。它的性能决定遥感的能力，即传感器对电磁波段的响应能力、传感器的空间分辨率及图像的几何特征、传感器获取地物信息量大小和可靠程度。按照数据记录方式的不同，传感器主要分为成像方式传感器和非成像方式传感器。成像传感器是目前最常见的传感器类型，其分类如图 1-1 所示。

1.2.2　地面分系统

地面分系统由遥感测试系统和地面控制处理系统两部分组成。前者负责地物波谱测试研究和地面实况调查，后者负责对星载（机载）分系统的控制、遥感数据接收和处理等具体工作。

遥感测试系统的主要任务是对地物进行波谱测试研究工作，内容如下。

（1）测试地物对太阳辐射的反射特性。

（2）测试地物自身的发射特性。

（3）测试地物的微波辐射特性。

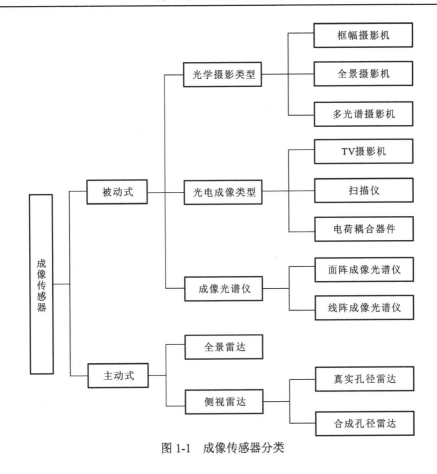

图 1-1　成像传感器分类

1.3　遥　感　分　类

1.3.1　根据电磁辐射源分类

遥感器探测、记录的地物电磁辐射能量来源主要有自然辐射源和人工辐射源。根据电磁辐射源的不同，遥感分为被动遥感和主动遥感。

被动遥感（passive RS）：利用太阳等自然辐射源。遥感器探测、记录地物反射或自身发射的电磁波信息以识别地物特征的遥感方式，如摄影。

主动遥感（active RS）：利用人工辐射源。由遥感器主动地向目标物发射一定能量和一定波长的电磁波，然后再由遥感器探测、记录从目标物反射回来的一部分电磁波，以这种回波信息识别目标物的遥感方式，如雷达。

1.3.2　根据电磁波段分类

根据电磁波段的不同，遥感分为紫外遥感、可见光遥感、红外遥感、微波遥感、多光谱（多波段）遥感和高光谱（超多波段）遥感。

1. 紫外遥感

紫外遥感波谱范围为近紫外，如摄影。

2. 可见光遥感

地物反射的、太阳辐射的可见光（0.38～0.76 μm），如目测、摄影、扫描。

3. 红外遥感

地物反射的近红外辐射，如摄影、扫描。
地物反射的中红外、发射的远红外辐射，如扫描。

4. 微波遥感

微波遥感主要分为主动遥感和被动遥感两类。
主动遥感，如侧视雷达；被动遥感，如微波辐射测量。

5. 多光谱（多波段）遥感

利用多通道遥感器对同一地进行多波段同步成像，遥感器每个通道探测、记录的电磁波波长不同（每个通道为一个波长范围的窄波谱带），这些不同的波段可以从可见光到红外到微波。

6. 高光谱（超多波段）遥感

高光谱遥感（hyperspectral remote sensing）是在电磁波谱的可见光、近红外、中红外和热红外波段范围内，利用成像光谱仪获取许多非常窄的、光谱连续的影像数据的技术。高光谱遥感在光谱分辨率上具有巨大的优势，被称为遥感发展的里程碑。

1.3.3　根据遥感平台分类

根据遥感平台分类，遥感分为地面（车载）遥感、航空（机载）遥感和航天（星载）遥感。

1. 地面（车载）遥感

遥感器安装在车、船或高塔等地面平台，或在地面上，由人工直接操作遥感器，对地面、地下或水下进行的遥感。

2. 航空（机载）遥感

遥感器安装在大气层内飞行的飞行器上，从空中对地面进行的遥感。

3. 航天（星载）遥感

利用人造地球卫星、火箭、宇宙飞船、航天飞机等作为运载工具，从外层空间对地面进行的遥感。

1.4　传感器的性能

传感器的性能主要通过光谱分辨率（波谱分辨率）、空间分辨率、辐射分辨率和时间分辨率进行度量（田淑芳和詹骞，2013）。

1.4.1　光谱分辨率

光谱分辨率也叫波谱分辨率，是指传感器在接收目标辐射的波谱时能分辨的最小波长间隔（范艺丹，2013）。间隔越小，分辨率越高。它由遥感探测仪器装置决定，一般分为全色光谱（黑白光谱）、多光谱和高光谱。多光谱一般只有几个、十几个光谱通道。高光谱有多达几十个甚至上百个光谱通道。一般地，光谱通道越多，其分辨物体的能力越强。传感器的波段选择必须考虑目标的光谱特征值才能有好的效果。如感测人体选择 8～12 μm 的波长，探测森林火灾应选择 3～5 μm 的波长。

1.4.2　空间分辨率

空间分辨率是指遥感图像上能详细区分的最小单元的尺寸或大小，表示像元所代表地面范围的大小，即地面上多大的地物在图像上反映为一个像元点。反之，也可以说图像上的一个像元代表地面上多大的一块面积。对于摄影成像的图像来说，地面分辨率取决于胶片的分辨率和摄影镜头的分辨率所构成的系统分辨率，以及摄影机焦距和航高。

1.4.3　辐射分辨率

辐射分辨率是指传感器接收波谱信号时，能分辨的最小辐射度差，即传感器能分辨的目标反射或辐射的电磁辐射强度的最小变化量。辐射分辨率在遥感图像上表现为每一像元的辐射量化级。辐射分辨率是传感器灵敏度的标志。某个波段遥感图像的总信息量与空间分辨率、辐射分辨率有关。在多波遥感中，遥感图像总信息量还取决于波段数，在可见光、近红外波段用噪声等效反射率表示，在热红外波段用噪声等效温差、最小可探测温差和最小可分辨温差表示。

1.4.4 时间分辨率

时间分辨率是指相邻两次对同一目标进行重复探测的时间间隔，即地球上某一点卫星过境探测间距的时间，或者说多少时间可以重复获得一次新的信息。它对动态监测及分析地物动态变迁等起到重要的作用。例如，在农业遥感中，对作物长势动态、灾害等地表变化快的监测，应使用时间分辨率高的观测资料。

1.5 国内外经典地质遥感卫星参数

1.5.1 经典卫星光谱波段和分辨率

高分辨率的遥感数据，由于其分辨率高、信息丰富、获取影像周期短、现势性强的特点，在测量制图、土地资源动态监测、林业资源监测等方面得到广泛的应用。表 1-1 是法国的 SPOT5、美国的 QuikBird 和 IKONOS 三种卫星的主要参数。

表 1-1 SPOT5、QuikBird 和 IKONOS 卫星光谱波段和分辨率

传感器	光谱波段	地面分辨率/m	波段光谱范围/μm
SPOT5	panchromatic（全色）	2.5	0.48~0.71
	B1:green（绿色）	10	0.50~0.59
	B2:red（红色）	10	0.61~0.68
	B3:near infrared（近红外）	10	0.78~0.89
	B4:short-wave infaraed（短波红外）	20	1.58~1.75
QuickBird	panchromatic（全色）	0.61	0.45~0.90
	B1:blue（蓝色）	2.5	0.45~0.52
	B2:green（绿色）	2.5	0.52~0.60
	B3:red（红色）	2.5	0.63~0.69
	B4:near infrared（近红外）	2.5	0.76~0.90
IKONOS	panchromatic（全色）	1	0.45~0.90
	B1:blue（蓝色）	4	0.45~0.53
	B2:green（绿色）	4	0.52~0.61
	B3:red（红色）	4	0.64~0.72
	B4:near infrared（近红外）	4	0.77~0.88

1.5.2 常用商业卫星主要技术参数

全球目前有数家商业卫星公司面向全世界提供自己的卫星影像产品，而用户也可以通过商业手段的方式获得并应用这些影像产品。各公司的技术差异、在轨卫星的特性、清晰度等参数不尽相同，0.4～2.5 m 分辨率常用商业卫星主要技术参数如表 1-2 所示。

表 1-2 0.4～2.5 m 分辨率常用商业卫星主要技术参数

卫星	分辨率	重访周期/天	幅宽/视场
SPOT5	常规全色（PAN）影像分辨率为 5 m Supermode 影像分辨率为 2.5 m 多光谱影像分辨率分别为 10 m（B1、B2、B3）	4～5	60 km×60 km
IRS-P5	前视：2.452 m 后视：2.187 m	5	前视：29.42 km 后视：26.42 km
ALOS	全色 2.5 m 分辨率影像数据、多光谱 10 m 分辨率影像数据及雷达孔径成像	2	70 km×70 km
EROS	A：全色 1.9 m B：全色 0.7 m	5	A：14 km×14 km B：7 km×7 km
IKONOS	星下点：全色 0.82 m 分辨率和多光谱 3.24 m 26°侧视角：全色 1 m，多光谱 4 m	1.5～2.9	11.3 km×11.3 km
QuickBird	全色：0.61（星下点） 多光谱：2.44（星下点）	1～3.5	16.5 km×16.5 km
WorldView-I	星下点全色：0.41 m	1.1～3.7	30 km×30 km
GEOEye-1	星下点全色：0.41 m 星下点多光谱：1.65 m	2～3	15.2 km×15.2 km

1.5.3 常用遥感卫星应用范围

自从 1972 年美国发射了第一颗地球资源卫星以来，美国、法国、苏联/俄罗斯、欧洲太空局、日本、印度、中国等国家或国际机构都相继发射了众多对地观测卫星，其中常用的遥感信息源主要有美国的陆地卫星（Landsat）的 TM 和 MSS 遥感数据、法国的 SPOT4 卫星遥感数据、加拿大的 Radarsat 雷达遥感数据、中国和巴西的 CBERS 遥感数据、美国的 QuickBird-2 和 IKONOS 遥感数据等。这些遥感信息源的空间分辨率、成像谱段及应用范围见表 1-3。

表 1-3 遥感信息源的空间分辨率、成像谱段及应用范围

卫星名称	空间分辨率/m		成像谱段		应用范围
	全、单色	多谱段	全、单色	多谱段	
Landsat7（美国）	15	30	0.45～12.5 µm		可用于矿产资源调查、石油普查、土地类型划分、区域地质调查、环境质量监测、渔业资源管理、农作物估产、水土保持、灾害预测、森林病虫害探测、污染监测等
SPOT4（法国）	10	20	0.61～0.68 µm	0.5～1.75 µm	除 Landsat7 应用范围外，还可用于水污染控制、水库管理、工程地质应用等
Radarsat（加拿大）	10～100		微波		应用范围同 SPOT4
CBERS（中国、巴西）	19.5（天底点）		0.45～0.73 µm		除 Landsat7 应用范围外，还可用于地热开发、区域工程地质应用、道路选线与勘查等
QuickBird-2（美国）	0.62	2.44	450～900 nm	450～690 nm	大比例尺遥感专题制图、大比例尺地形测图、获取数字高程模型数据、城市规划、土地资源利用详查及动态监测、城市资源及生态评价等
IKONOS（美国）	0.82	3.28	450～900 nm	450～880 nm	应用范围同 QuickBird-2

1.5.4 光学卫星传感器波段

作为我国环境与灾害监测预报小卫星星座的首发卫星，HJ-1 星座光学卫星的运行与应用状况对我国环境监测与减灾后续星座的建设具有重要的指导和参考价值。HJ-1A 和 HJ-1B 两颗光学卫星上分别装有两台宽覆盖多光谱可见光相机。HJ-1A 上同时装有一台超光谱成像仪，HJ-1B 上装有一台红外扫描仪。HJ-1 光学卫星各传感器波段及主要应用领域见表 1-4（李传荣 等，2008）。

表 1-4 HJ-1 光学卫星传感器波段设置及其应用领域

传感器	通道	波长/µm	主要应用领域
CCD 相机	蓝	0.43～0.52	水体
	绿	0.52～0.60	植被
	红	0.63～0.69	叶绿素、水中悬浮泥沙、陆地
	近红外	0.76～0.90	植物识别、水陆边界、土壤湿度

续表

传感器	通道	波长/μm	主要应用领域
红外相机	近红外	0.75～1.10	水陆边界定位、植被及农业估产、土地利用调查等
	短波红外	1.55～1.75	作物长势、土壤分类、区分雪和云
	中红外	3.50～3.90	高温热辐射差异、夜间成像
	热红外	10.5～12.5	常温热辐射差异、夜间成像
超光谱成像仪	可见光	0.459～0.762（B1～B88）	自然资源与环境调查，物体识别和信息提取能力强
	近红外	0.762～0.956（B89～B115）	植被、大气，物体识别和信息提取能力强

第 2 章　地质应用对遥感卫星的需求

2.1　地质矿产主体业务需求

《国务院关于加强地质工作的决定》（国发〔2006〕4 号）（下文简称《决定》）中明确指出，要切实加强地质调查、矿产勘查和地质灾害监测预警等工作，明确了突出能源矿产勘查、加强非能源重要矿产勘查、做好矿山地质工作、提高基础地质调查程度、强化地质灾害和地质环境调查监测以及推进地质资料开发利用等地质工作主要任务。《中华人民共和国矿产资源法》中也明确指出要加强矿产资源的勘查、开发利用和保护工作，保障矿产资源的合理开发利用。2004 年发布的《地质灾害防治条例》特别指出，地质灾害防治工作，应当纳入国民经济和社会发展计划，国家应建立地质灾害监测网络和预警信息系统。《全国地质勘查规划》明确提出国土资源大调查、矿产资源保障、海洋地质保障、地质环境保障等需要落实和推进的重大工程项目；《全国矿产资源规划（2008—2015 年）》在《决定》的基础上更加明确了加强勘查，提高矿产资源保障程度和矿山地质环境保护与恢复治理等任务。

为充分发挥遥感地质先行作用，支撑地质找矿快速突破，提高矿产资源的保障力，保护矿产资源的可持续开发与利用，防范和减少地质灾害，服务国家资源与环境战略决策，必须开展基础地质遥感调查、矿产资源勘查、矿山监测与监管、地质灾害调查与监测、生态地质环境调查等地质矿产资源主体业务工作，需要多载荷（多光谱、高光谱、雷达）、多尺度（0.5～20 m）、宽覆盖（大于 60 km）的卫星遥感数据支持。

实施全球化战略，保障国家资源、能源战略的成功实施，必须开展境外矿产资源调查工作；提升我国国际话语权，树立大国形象，维护国家利益，需要开展境外重大灾害事件评估工作，需要多载荷、多尺度的卫星遥感数据支持。

切实提高我国应急遥感调查技术水平和应急响应能力，建立完善的应急保障体系，减少灾害损失，提升政府资源环境公益服务能力，必须开展重大灾害、重大事件应急调查与监测，需要高分辨率卫星遥感数据的有效支持。

2.1.1　地质矿产资源调查

1. 基础地质遥感调查

地质体影像的正确判释需要深入地研究矿物、岩石的详细组成及光谱特性。目前，除应用各种光谱辐射计测试岩矿的反射、辐射的光谱特性外，还可利用红外光谱测定岩矿的化学组成、含量及结构构造等特性，该方法所需样品用量较少，而且不论均质、非均质体均可以测定。陆地卫星影像在地质构造和矿产勘查中的应用见表 2-1。

表 2-1　陆地卫星影像在地质构造和矿产勘查中的应用简表

适用判断目标	4 波段 （0.5～0.6μm）	5 波段 （0.6～0.7μm）	6 波段 （0.7～0.8μm）	7 波段 （0.8～1.1μm）	彩色合成	波段比值
沉积岩	+				+	
岩浆岩			+			
大的岩性单位					+	
不整合		+		+	+	
破裂及破碎细节		+		+		
线性、环形特征		+		+	+	
岩性接触						+
蚀变围岩					+	+
原生矿产露头		+			+	
油气苗					+	+
矿泉	+			+		
铁帽及矿体氧化露头		+	+	+	+	+
特殊地形		+				
特殊植物			+	+	+	
岩浆矿床		+		+		
伟晶岩矿床				+		
夕卡岩矿床					+	+
热液矿床		+			+	
沉积矿床	+	+				
石油和煤				+	+	
变质矿床		+			+	+
地热				+	+	+
河流、湖泊			+	+		
砂体					+	
火山					+	

注："+"表示适用程度较好

基础地质调查是一项旨在查明全国基本地质情况、获取基础地质数据的超前性、公益性、基础性地质工作。最近十年来,我国不断推进陆域1∶5万基础地质调查工作。全国1∶5万区域地质调查覆盖率达44.5%,重点成矿区带工作程度达62.5%,重要找矿远景区基本实现全覆盖。

(1)区域覆盖及时效要求。全国覆盖。2015年要求3个月获取覆盖完整工作区的卫星数据,2020年要求2个月获取覆盖完整工作区的卫星数据,2030年要求1个月获取覆盖完整工作区的卫星数据。

(2)数据源要求。空间分辨率优于0.5 m的光学卫星数据和空间分辨率优于10 m、光谱分辨率优于10 nm的高光谱数据。

(3)精度要求。要求在全分辨率影像下解译,成图精度1∶5万。

(4)处理要求。2015年要求接收到满足需要的卫星数据后8个月内完成所有成果制作及提交工作,2020年要求接收到满足需要的卫星数据后7个月内完成所有成果制作及提交工作,2030年要求接收到满足需要的卫星数据后6个月内完成所有成果制作及提交工作。

2. 矿产资源遥感勘查

不同波段波谱可识别的矿物类型各不相同,如表2-2所示。

表2-2 矿物识别波段

波段	波长范围/μm	可识别矿物
可见光~近红外	0.40~1.20	Fe、Mn和Ni的氧化物、赤铁矿、镜铁矿
	0.50~0.80	植被
短波红外	1.30~2.50	氢氧化物、碳酸盐和硫酸盐
	1.47~1.82	硫酸盐岩,如明矾石
	2.16~2.24	含Al—OH基团矿物,如白云母、高岭石、迪开石、叶蜡石、蒙脱石、伊利石
	2.24~2.30	含Fe—OH基团矿物,如黄钾铁矾、锂皂石
	2.26~2.32	碳酸盐类,如方解石、白云石、菱镁石
	2.30~2.40	含Mg—OH基团矿物,如绿泥石、滑石、绿帘石
热红外	8.00~14.00	硅酸盐类,如石英、长石、辉石、橄榄石

探寻地质找矿新机制,推进地质找矿快速突破,服务矿产资源远景评价和矿产勘查规划部署,必须开展国内外矿产资源遥感勘查工作,需要多载荷、多尺度的卫星联合作业。

根据找矿突破战略行动总体部署,"十二五"期间,完成47片整装勘查区共约35万km²区域的整装勘查,到2020年左右完成100个左右的整装勘查区的调查,预计面积达到80万km²。随着"358"项目实施,新疆重点成矿区带地质调查程度明显提高,圈定了大批物化探异常,新发现了铜、铁、铅锌、钼、金等重要矿(化)点362处。

按照重要成矿带遥感地质调查总体方案部署，"十二五"期间，完成 8 个重点成矿区带 1∶5 万遥感地质填图 140 万 km²，2016～2020 年完成 11 个重点成矿区带 1∶5 万遥感地质填图 142 万 km²。预计到 2030 年，需要开展 19 个重要成矿区带 1∶1 万遥感地质填图工作，总面积 282 万 km²。

（1）区域覆盖及时效要求。遥感监测基本单元是整装勘查区及重要成矿带，2015 年要求 3 个月获取覆盖完整工作区的卫星数据，2020 年要求 2 个月获取覆盖完整工作区的卫星数据，2030 年要求 1 个月获取覆盖完整工作区的卫星数据。

（2）数据源要求。空间分辨率优于 1 m 的光学卫星数据和空间分辨率优于 10 m、光谱分辨率优于 10 nm 的高光谱数据。

（3）精度要求。要求在全分辨率影像下解译，成图精度 1∶5 万。

（4）处理要求。2015 年要求接收到满足需要的卫星数据后 8 个月内完成所有成果制作及提交工作，2020 年要求接收到满足需要的卫星数据后 7 个月内完成所有成果制作及提交工作，2030 年要求接收到满足需要的卫星数据后 6 个月内完成所有成果制作及提交工作。

3. 矿产资源开发多目标遥感调查与监测

自 2003 年试点以来，先后对全国 163 个重点矿区开展了多目标遥感调查与监测工作，为国土资源部制订矿产资源规划，保持矿产资源的可持续开发与利用，维护矿产秩序及综合整治矿区环境等提供技术支撑及决策依据。截至 2010 年 7 月，已完成 1∶5 万比例尺调查与监测面积 81.5 万 km²，1∶1 万比例尺调查与监测面积 30.2 万 km²，监测矿山 97 656 个，初步实现了 163 个重点矿集区的全覆盖。在 2010 年，矿产资源开发多目标遥感调查与监测正式纳入一张图工程，后续工作对数据量的需求急剧增加。为实现"以图管矿"，2011 年 3 月 22 日，2010 年度矿产卫片执法正式启动，每年需完成 1∶25 万遥感调查与监测约 960 万 km²，1∶5 万遥感调查与监测约 320 万 km²，1∶1 万遥感调查与监测约 60 万 km²。按此计算，"十二五"期间，仅 1∶1 万遥感调查与监测就需 300 万 km² 的高空间分辨率数据。

到 2020 年，要完成季度监测，一年完成 4 次监测，每年需完成 1∶25 万遥感调查与监测约 3 840 万 km²，1∶5 万遥感调查与监测约 1 280 万 km²，1∶1 万遥感调查与监测约 240 万 km²。

预计到 2030 年，要完成月度监测，一年完成 12 次监测，每年需完成 1∶25 万遥感调查与监测约 11 520 万 km²，1∶5 万遥感调查与监测约 3 840 万 km²，1∶1 万遥感调查与监测约 720 万 km²。

（1）区域覆盖及时效要求。遥感监测基本单元是省级完整行政辖区。2015 年要求 2 个月获取覆盖完整行政辖区的卫星数据，2020 年要求 1 个月获取覆盖完整行政辖区的卫星数据，2030 年要求 0.5 个月获取覆盖完整行政辖区的卫星数据。

（2）数据源要求。空间分辨率优于 0.5～2.5 m 的光学卫星数据。

（3）精度要求。要求在全分辨率影像下解译，成图精度分别为 1∶25 万，1∶5 万和 1∶1 万。

（4）处理要求。矿山卫片执法方面，要求接收到满足需要的卫星数据后 1 个月内完成所有成果制作及提交工作；矿山常规监测方面，1∶1 万调查与监测要求在收到满足需要的卫星数据后 30 天完成成果提交工作，1∶5 万调查与监测要求在收到满足需要的卫星数据后 60 天完成成果提交工作，1∶25 万调查与监测要求在收到满足需要的卫星数据后 90 天完成成果提交工作。

4. 地质灾害遥感调查与监测

按照灾害易发区遥感调查与应急监测计划项目总体方案部署，"十二五"期间，在全国突发性地质灾害易发区利用空间分辨率优于 2.5 m 的遥感数据开展地质灾害调查与监测工作，总面积约 120 万 km²，重点地区采用亚米级数据，其中 2010～2013 年计划完成地质灾害高易发区集中发布区 80 万 km²，2014～2015 年完成地质灾害高易发较多的中易发区 40 万 km²。

到 2020 年，用优于 1 m 的数据开展全国突发性地质灾害易发区地质灾害调查与监测工作，面积 120 万 km²。

预计到 2030 年，随着我国经济社会发展和全球气候的变化，地质灾害调查面积将有所扩大，调查监测精度也将大幅提高，预计每 5 年调查面积达到 200 万 km²。

（1）区域覆盖及时效要求。全国覆盖，遥感监测基本单元是各灾害易发区。2015 年要求 3 个月获取覆盖完整工作区的卫星数据，2020 年要求 2 个月获取覆盖完整工作区的卫星数据，2030 年要求 1 个月获取覆盖完整工作区的卫星数据。

（2）数据源要求。0.5～2.5 m 光学卫星数据，部分重点地区需使用优于 0.5 m 的数据，多云多雨地区可采用雷达数据。

（3）精度要求。1∶1 万～1∶5 万制图精度，地质灾害类型识别准确度达 85%以上，地质灾害面积调查精度优于 85%。

（4）处理要求。应急情况下，要求在获取有效数据后 4 h 内提交可供救灾服务的成果；常规情况下，2015 年要求接收到满足需要的卫星数据后 8 个月内完成所有成果制作及提交工作；2020 年要求接收到满足需要的卫星数据后 7 个月内完成所有成果制作及提交工作；2030 年要求接收到满足需要的卫星数据后 6 个月内完成所有成果制作及提交工作。

5. 全国地表形变遥感地质调查

根据全国地表形变遥感地质调查计划项目总体工作方案部署，2010～2015 年，开展地表形变遥感地质调查 145 km²，以及重大工程区地表形变遥感调查与监测，包括京沪高铁重点地段 100 km，大西、沪杭高铁重点地段 150 km，武广高铁 200 km，1～2 处重大开发区地表形变遥感调查 1 万 km^2；1～2 处核电工程、大型工矿区和二氧化碳地下储存基底地表形变和诱发地表形变调查与监测约 500 km^2 及三峡大坝稳定性监测。

随着山东半岛、辽中南、中原、长江中游、海峡西岸、川渝和关中城市群的快速发展，地表形变遥感地质调查面积将逐步扩大，到 2020 年，调查面积达到 200 万 km^2，到 2030 年，调查面积预计将达到 300 万 km^2。

随着高铁工程建设力度的不断加大，对线性工程的形变监测也将不断增加。根据我国高铁建设规划，到 2020 年，监测线性工程约 1 000 km，到 2030 年，将达到 8 000 km。

（1）区域覆盖及时效要求。全国覆盖，遥感监测基本单元是各城市群、重大工程区。2015 年要求 3 个月获取覆盖完整辖区的卫星数据，2020 年要求 2 个月获取覆盖完整辖区的卫星数据，2030 年要求 1 个月获取覆盖完整辖区的卫星数据。

（2）数据源要求。空间分辨率优于 10 m 的干涉雷达数据。

（3）精度要求。监测精度毫米级。

（4）处理要求。2015 年要求接收到满足需要的卫星数据后 3 个月内完成所有成果制作及提交工作，2020 年要求接收到满足需要的卫星数据后 2 个月内完成所有成果制作及提交工作，2030 年要求接收到满足需要的卫星数据后 1 个月内完成所有成果制作及提交工作。

6. 全国生态地质环境遥感调查

按照全国国土资源遥感综合调查计划项目总体方案部署，"十二五"期间，完成 2 轮 1∶25 万全国水文地质和生态环境地质遥感调查。其中 2011～2012 年，计划开展 1∶25 万全国国土资源遥感调查与编图 662 万 km^2，1∶5 万重点区遥感调查与编图 30.78 万 km^2；2013～2015 年开展 1∶25 万全国国土资源遥感调查与编图 960 万 km^2，1∶5 万重点区遥感调查与编图 100 万 km^2。

到 2020 年，需开展 3 轮 1∶25 万全国国土资源遥感调查与编图 960 万 km^2，1∶5 万重点区遥感调查与编图 200 万 km^2。

预计到 2030 年，需每年开展 1 轮 1∶25 万全国国土资源遥感调查与编图 960 万 km^2，1∶5 万重点区遥感调查与编图 300 万 km^2。

（1）区域覆盖及时效要求。全国覆盖，遥感监测基本单元是省级行政辖区。2015 年要求 3 个月获取覆盖完整辖区的卫星数据，2020 年要求 2 个月获取覆盖完整辖区的卫星数据，2030 年要求 1 个月获取覆盖完整辖区的卫星数据。

（2）数据源要求。空间分辨率 2.5～20 m 的光学数据。

（3）精度要求。重点区满足 1∶5 万制图精度要求，全国满足 1∶25 万制图精度要求。

（4）处理要求。2015 年要求接收到满足需要的卫星数据后 8 个月内完成所有成果制作及提交工作，2020 年要求接收到满足需要的卫星数据后 7 个月内完成所有成果制作及提交工作，2030 年要求接收到满足需要的卫星数据后 6 个月内完成所有成果制作及提交工作。

2.1.2 全球化战略

中国的全球化战略正在全面提速，中国对资源、能源的对外依存度逐年增加。这就需要依靠卫星遥感技术迅速获取全球资源信息及分布情况，为国家制定资源"走出去"战略提供决策依据和基础数据。

1. 全球一张图工程

根据全球一张图工程工作部署，2010～2012 年完成全球七大洲涉及 207 个国家共计 14 900 万 km^2 区域 1:500 万遥感地质矿产与资源环境解译，以此为基础，在周边国家、非洲和拉丁美洲优选 6 个国家开展 1:100 万遥感地质矿产解译（500 万 km^2）、2 个重要成矿带开展 1:25 万遥感地质矿产解译（40 万 km^2）。2013～2015 年完成周边国家、兼顾非洲和拉丁美洲国家 1:100 万及相关国家的重要成矿带 1:25 万遥感解译工作。

随着我国综合国力的不断提升，经济社会发展对资源能源需求的急速增加，2020 年，在全球开展 1:100 万遥感地质矿产解译约 14 900 万 km^2，重要国家或地区开展 1:25 万遥感地质矿产解译 1 000 万 km^2，重要成矿带开展 1:5 万遥感地质矿产解译 80 万 km^2。

到 2030 年，将在全球开展 1:25 万遥感地质矿产解译约 14 900 万 km^2，重要国家或地区开展 1:5 万遥感地质矿产解译 2 000 万 km^2，重要成矿带开展 1:1 万遥感地质矿产解译 160 万 km^2。

（1）区域覆盖及时效要求。全球覆盖。2015 年要求 3 年内获取覆盖全球的卫星数据，2020 年要求 2 年内获取覆盖全球的卫星数据，2030 年要求 1 年内获取覆盖全球的卫星数据。

（2）数据源要求。空间分辨率优于 10 m 的光学卫星数据和空间分辨率优于 20 m、光谱分辨率优于 10 nm 的高光谱数据。

（3）精度要求。要求在全分辨率影像下解译。2015 年，成图精度全球 1:500 万，重点国家或地区 1:100 万，重要成矿区带 1:25 万；2020 年，成图精度全球 1:100 万，重点国家或地区 1:25 万，重要成矿区带 1:5 万；2015 年，成图精度全球 1:25 万，重点国家或地区 1:5 万，重要成矿区带 1:1 万。

（4）处理要求。2015 年要求接收到满足需要的卫星数据后 8 个月内完成所有成果制作及提交工作，2020 年要求接收到满足需要的卫星数据后 7 个月内完成所有成果制作及提交工作，2030 年要求接收到满足需要的卫星数据后 6 个月内完成所有成果制作及提交工作。

2. 境外找矿

资源开发"走出去"已经成为我国"走出去"战略的最重要组成部分。但是，境外矿产资源战略调查工作必须考虑各方面的特殊情况，只能选择快速高效的技术手段。而卫星遥感则正好为境外矿产资源调查提供了有效手段。按照先周边国家、发展中资源优势国家、后资源大国及先近海后大洋的战略布局部署遥感调查，2015 年前，完成中国周边地区、拉丁美洲、非洲 1∶5 万找矿靶区圈定约 40 万 km^2，1∶1 万找矿靶区圈定约 10 万 km^2，境外资源开发热点、重点地区 1∶1 万比例尺监测 10 万 km^2；2020 年，完成中国周边地区、拉丁美洲、非洲 1∶5 万找矿靶区圈定约 80 万 km^2，1∶1 万找矿靶区圈定约 20 万 km^2，境外资源开发热点、重点地区 1∶1 万比例尺监测 20 万 km^2；到 2030 年，需完成中国周边地区、拉丁美洲、非洲 1∶5 万找矿靶区圈定约 160 万 km^2，1∶1 万找矿靶区圈定约 40 万 km^2，境外资源开发热点、重点地区 1∶1 万比例尺监测 30 万 km^2。

（1）区域覆盖及时效要求。全球覆盖。2015 年要求 3 年内获取覆盖全球的卫星数据，2020 年要求 2 年内获取覆盖全球的卫星数据，2030 年要求 1 年内获取覆盖全球的卫星数据。

（2）数据源要求。空间分辨率优于 1 m 的光学卫星数据和空间分辨率优于 5 m、光谱分辨率优于 10 nm 的高光谱数据。

（3）精度要求。要求在全分辨率影像下解译，成图精度 1∶5 万和 1∶1 万。

（4）处理要求。2015 年要求接收到满足需要的卫星数据后 8 个月内完成所有成果制作及提交工作，2020 年要求接收到满足需要的卫星数据后 7 个月内完成所有成果制作及提交工作，2030 年要求接收到满足需要的卫星数据后 6 个月内完成所有成果制作及提交工作。

3. 境外重大灾害事件评估

当今世界，地震、海啸、火山喷发等极端性灾害事件频发，如 2011 年 3 月日本地震引发的海啸、2010 年 4 月冰岛火山喷发、2004 年 12 月印度洋海啸等。这些灾害事件严重影响了人类的生产生活。中国需要在气候变化、温室气体减排标准、核能与防扩散等问题中争取更多的话语权，需要在重大灾害中提供人道主义援助，树立负责任的大国形象，必须开展境外重大灾害事件评估工作，需要卫星遥感技术的支持。

2015 年，开展全球 1∶25 万重大灾害事件评估，2020 年，开展全球 1∶5 万重大灾害事件评估，2030 年开展全球 1∶1 万重大灾害事件评估。

（1）区域覆盖及时效要求。全球覆盖。

（2）数据源要求。空间分辨率优于 0.5～20 m 的光学卫星数据。

（3）精度要求。要求在全分辨率影像下解译。成图精度 1∶25 万、1∶5 万和 1∶1 万。

（4）处理要求。2015 年要求接收到满足需要的卫星数据后 5 天内完成重大事件评估工作，2020 年要求接收到满足需要的卫星数据后 3 天内完成重大事件评估工作，2030 年要求接收到满足需要的卫星数据后 1 天内完成重大事件评估工作。

2.1.3 应急监测服务

应急监测服务能力体现着政府执行力，关系人民群众的生命财产安全。强大的应急监测服务能力将有效减少灾害损失，稳定民众情绪，提升政府形象。

1. 重大灾害应急监测

重大灾害应急监测主要是指地震、台风、洪水等重大自然灾难引发的泥石流、滑坡、崩塌等重大地质灾害灾情调查监测及矿山开发所引起的滑坡、溃坝、地面塌陷等人为灾害破坏情况调查监测。另外一个重要方面就是每年 5 月到 9 月期间全国地质灾害预报预警期，都需要在 3~4 个月内对全国的情况进行快速调查，迅速形成专题信息。2015 年，每年监测面积 10 万 km^2；2020 年，每年监测面积 20 万 km^2；2030 年，每年监测面积 30 万 km^2。

（1）区域覆盖及时效要求。全国覆盖。

（2）数据源要求。空间分辨率优于 0.5 m 的光学卫星数据、雷达数据。

（3）精度要求。调查监测精度优于 1∶1 万。

（4）处理要求。要求在接到有效数据后 4 h 内完成灾情上报工作。

2. 重大违法事件应急监测

重大违法事件应急监测主要是对重要的矿山违法开采、违法勘查进行实时、连续的监测，快速提供违法开采、勘查信息，以减少国家利益损失，为政府部门及时依法制止违法活动、惩治相关人员提供客观依据。2015 年，每年监测面积 1 万 km^2；2020 年，每年监测面积 2 万 km^2；2030 年，每年监测面积 3 万 km^2。

（1）区域覆盖及时效要求。全国覆盖。

（2）数据源要求。空间分辨率优于 0.5 m 的光学卫星数据、雷达数据。

（3）精度要求。调查监测精度优于 1∶1 万。

（4）处理要求。要求在接到有效数据后 4 h 内完成违法事件上报工作。

2.1.4 地质观测卫星需求

观测要素与卫星业务体系需求分析见表 2-3。

表 2-3 观测要素与卫星业务体系需求分析表

主体业务	主要观测要素	卫星业务系统需求	卫星载荷基本需求	数据类型与数据量需求	地面设施与数据
地质矿产资源调查	地层 地质构造	1:1万至1:25万比例尺正射影像	1 m（全色）/4 m（多光谱）载荷	全色数据空间分辨率优于 1 m/多光谱数据空间分辨率优于 4 m 2015 年：285 万 km² 2020 年：322 万 km² 2030 年：562 万 km²	实时接收 卫星数据下传数据带宽大于 300 Mbit/s 地面系统至应用系统要求万兆光纤传输
	地质体	最小上图图斑图上 4 mm²	2 m（全色）/8 m（多光谱）载荷	全色数据空间分辨率优于 2 m/多光谱数据空间分辨率优于 8 m 2015 年：285 万 km² 2020 年：322 万 km² 2030 年：562 万 km²	
	岩石 矿物	典型岩石与矿物种类识别精度不低于 90%	10 nm 空间分辨率，10 nm 光谱分辨率的高光谱载荷（含可见光、短波红外、热红外等）	可见光、短波红外与热红外高光谱数据光谱要求细分且优于 10 nm，空间分辨率优于 20 m 2015 年：185 万 km² 2020 年：222 万 km² 2030 年：362 万 km²	
	矿化蚀变	能识别出与比例尺大小相匹配的蚀变信息和构造信息，经野外查验，准确率到 80% 以上			
	重力场	全国一年覆盖一次 重点成矿区带重力测量	5~20 m 宽覆盖中分辨率全色/多光谱载荷（覆盖 0.4~2.5 μm 和 8~14 μm 光谱区间） 重力加速计载荷	5~20 m 中分辨率全色/多光谱卫星数据（0.4~2.5 μm） 2015 年：2 595 万 km² 2020 年：12 002 万 km² 2030 年：19 002 万 km²	
	第四纪地质 地貌 冰川雪线 海岸线 河流湖泊 湿地 荒漠化 石漠化 城市扩展	典型环境要素识别能力。境外重点区域 1:5 万，至 1:25 万比例尺地质填图，矿产勘查	5~10 mC 波段、S 波段、多极化 SAR 重访周期小于 16 天	SAR 空间分辨率优于 10 m 2015 年：1 920 万 km² 2020 年：1 920 万 km² 2030 年：3 840 万 km²	
	地下水	全球每 5 年监测一次 全球重点成矿区带重力测量		重力卫星 2015 年：215 万 km² 2020 年：222 万 km² 2030 年：362 万 km²	

续表

主体业务	主要观测要素（或面）	卫星业务系统需求	卫星载荷基本需求	数据类型与数据量需求	地面设施与数据
地质矿产资源监测	矿产资源开采点（或面）位置 开采状况 开采矿种 开采方式 采场 矿山建筑物 中转场地 固体废弃物 工矿型荒漠化土地 地面凹陷区 地面塌陷坑 地裂缝 矿山开发引发的滑坡、崩塌、泥石流 煤层自燃、煤矸石自燃 河道淤塞 粉尘污染、水体污染等环境污染 矿产资源开发占地变化 矿山环境恢复治理情况 地质灾害背景情况 滑坡 泥石流 崩塌 地震震后灾害 地面沉降	1：1万至1：25万比例尺正射影像 卫星全国一年覆盖一次 地面凹陷监测精度达到毫米级 违法开采野外验证后精度达100% 矿山开采状态监测属性精度优于85%；面积精度优于90% 中大型矿山每年监测2次以上 地质灾害最小可识别单元20 m² 重大地质灾害突发事件响应时间<24 h 应急管理要求实时监测 灾害监测要求连续监测	1 m（全色）/4 m（多光谱）载荷 2 m（全色）/8 m（多光谱）载荷 0.5 m（全色）/2 m（多光谱）敏捷成像 5~10 m空间分辨率干涉雷达载荷 5~20 m宽覆盖（要求覆盖 0.4~光谱载荷 2.5 μm 和 8~14 μm 光谱区间） 1~3 m成像雷达 C波段、S波段、多极化SAR 地面沉降监测精度达到毫米级 重访周期小于1天	全色数据空间分辨率优于 1 m/多光谱数据空间分辨率优于 4 m 2015年：420万 km² 2020年：420万 km² 2030年：840万 km² 全色数据空间分辨率优于 2 m/多光谱数据空间分辨率优于 8 m 2015年：1 720万 km² 2020年：1 720万 km² 2030年：3 440万 km² 0.5（全色）/2 m（多光谱）敏捷成像 2015年：420万 km² 2020年：420万 km² 2030年：840万 km² 5~20 m宽覆盖、中分辨率多光谱数据 2015年：4 920万 km² 2020年：4 920万 km² 2030年：9 840万 km² 干涉雷达空间分辨率优于 10 m 2015年：566万 km²，线性 450 km 2020年：566万 km²，线性 1 000 km 2030年：1 132万 km²，线性 8 000 km 成像雷达空间分辨率优于 3 m 2015年：420万 km² 2020年：420万 km² 2030年：840万 km²	实时接收 卫星数据下传数据带宽大于 300 Mbit/s 地面系统应用系统要求至万兆 光纤传输
地质矿产资源监管	矿产资源开发现状 矿山开发秩序 重大矿难事故	违法开采野外验证后精度达100% 重大矿难事件响应时间<24 h 比例尺优于1：1万	0.5 m（全色）/2 m（多光谱）敏捷成像 1 m（全色）/4 m（多光谱）载荷 重访周期小于1天	全色数据空间分辨率优于 1 m/多光谱数据空间分辨率优于 4 m 2015年：300万 km² 2020年：300万 km² 2030年：600万 km² 0.5（全色）/2 m（多光谱）敏捷成像 2015年：300万 km² 2020年：300万 km² 2030年：600万 km²	实时接收 卫星数据下传数据带宽大于 300 Mbit/s 地面系统应用系统要求至万兆 光纤传输

2.2　高分辨率遥感卫星的行业应用

2.2.1　国土资源

国土资源遥感综合调查与遥感动态监测是指利用遥感技术开展国土资源遥感综合调查，开展重点地区土地资源和矿产开发的动态监测，为国土开发与整治提供依据（刘立国和王健，2015）。国土资源遥感综合调查就是利用遥感信息源和信息提取技术，开展中大尺度土地、矿产、森林、水、旅游等资源现状和构造稳定性、土壤侵蚀、地质灾害、气象灾害等生态环境状况调查及大比例尺重点地区（城市）综合调查；编制国家级或地方级国土资源和环境系列图件及相应的调查评价报告；最终利用遥感、地理信息系统等相关技术集成调查数据信息，建立包含图形数据、统计数据和元数据等内容的综合性国土资源与环境数据库，建立可靠、准确、可视化、高效运作、规范化及可共享的国土资源信息系统。国土资源遥感动态监测就是在国土资源综合调查的基础上，引进多时相、不同分辨率的遥感图像，对政府感兴趣的地区，如城乡接合部、重点建设地区等进行土地资源动态监测，对重点矿区、矿业秩序不稳定地区的矿产开发进行动态监测。

高分辨率立体测图卫星 IRS-P5 可用于进行国土动态监测，与 P6、CBERS 多光谱数据融合，融合影像信息含量更加丰富，可清晰分辨居民点、工矿用地、耕地、苗圃、未利用地等，可用于土地利用调查、城市规划，如图 2-1～图 2-6 所示。

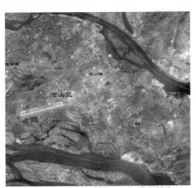

图 2-1　土地利用动态监测图

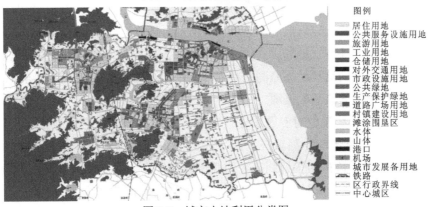

图例

居住用地
公共服务设施用地
旅游用地
工业用地
仓储用地
对外交通用地
市政设施用地
公共绿地
生产保护绿地
道路广场用地
村镇建设用地
滩涂围垦区
水体
山体
港口
机场
城市发展备用地
铁路
区行政界线
中心城区

图 2-2　城市土地利用分类图

图 2-3　土地利用覆盖图

图 2-4　卫星融合影像图

图 2-5　P5 与 P6 融合影像图

图 2-6　卫星融合正射影像图

2.2.2　测绘制图

在我国各项建设都飞速发展的形势下，如何及时地修编和更新地图，建立定期更新的地理数据库，动态监测土地利用变化情况并衍生各类最新时相的专题图都是迫切需要解决的问题。目前制约这类动态监测的首要因素是能否具备实用化、高分辨率、连续稳定并能快速接收使用的监测数据源。

利用高分辨率卫星影像对专题图进行制图与测绘是一种简捷高效的技术手段，目前在很多相关行业中传统的测量与制图手段已经完全被高分辨率卫星技术手段所取代。通过对原始卫星数据的辐射纠正、由传感器姿态所引起的误差纠正、几何校正、正射校正、地图投影、坐标转换等一系列处理，卫星数据能够很精确地与当地已有的地图资料相匹配，这样，在非常清晰自然的真实地物信息资料基础上进行地图更新及通过地物分类来做专题图，都能获得非常精确的成果，如图 2-7 和图 2-8（李冬妮和汪琴，2014）所示。

图 2-7　利用 IKONOS 高分辨率、高精度影像特点进行地图制作和地图绘制

图 2-8　利用 3 m 分辨率 COSMO 雷达数据进行北京某地区的土地利用分类

高分辨率卫星影像的出现使得在较小空间尺度上观察地表的细节变化、进行大比例尺遥感制图及监测人为活动对环境的影响成为可能。

2.2.3　地质监测

自然界中的地质构造及其赋存的各类地下矿产资源，在地表均不同程度地遭受到长期的外力地质作用。这样就会形成一定的地表地质特征，并且与自然地理密切相关，通过卫星遥感图像可直接获得这些地表特征信息。这种卫星遥感图像是识别地质构造、岩石类型及其所赋存矿产资源等地质现象的重要依据。同时可根据地质背景和成矿理论分析，进行图像处理，提取隐伏的地质构造和矿产资源的有用信息（张廷秀 等，2003）。以现代地质成矿理论为指导，以卫星遥感技术为主要手段，对地质、物化探信息进行综合分析，提取控矿构造影像特征，建立卫星遥感、地质、物化探综合成矿模式，密切结合野外调查，进而圈定成矿远景区和找矿靶区，是卫星遥感在地质勘查应用的一种快速而有效的新技术方法，可为相关部门决策提供重要的依据。

　　不同的遥感手段在地质领域的不同方面有着自己独特的用途。因此，在矿产勘查过程中，应当根据地质上所要解决的某个或几个具体问题，有针对性地选用不同遥感手段。各种遥感技术及其地质用途见表2-4。

表 2-4　遥感技术及其地质用途

谱段与系统	工作波长 /μm	空间分辨率 (mrad) /m	像片类型	作业时间	地质用途
紫外（扫描器、摄影机等）	0.01～0.4	0.01～0.1	紫外片	白天	用于石油的勘查（在该谱段可出现异常反射亮度系数）及地下水、异常植物区的研究
可见光（扫描器、摄影机、电视）	0.4～0.7	0.001～0.1	全色黑白片、卫星片、彩色片、假彩色片、多波段片	白天	照片或多谱段影像，可作地质填图、构造分析，火山、工程地质及环境地质研究，找水和找矿标志的分析
红外反射（摄影、扫描、辐射计）	0.7～3.5	0.01～0.1	红外片	白天	构造分类、岩类判释、地貌填图、水文地质、地热地质、火山、地震和海洋地质，异常植物区扫描
热红外（扫描、辐射计）	3.5～10^3	1.0	热红外片	白天、夜晚	构造填图、地热调查、地下水勘查、岩类判释、硫化物氧化矿及放射性矿产的寻找
微波（扫描、辐射计）	10^3～10^6	10	微波遥感片	白天、夜晚	构造分析，找地下溶洞位置
雷达　真实孔径雷达	8.3×10^3	2～10	全景雷达片俯视雷达片	白天、夜晚	森林或云雾、浮土区填图，构造分析（可显现隐伏构造），预测浅层地下水
雷达　合成孔径雷达	1.3×10^6	0.2～1			

　　利用 COSMO 图像提供的纹理特征，可以对地表物质、土地形态的分布和类型及地区底层等物理特征进行调查；通过对基岩分析可以得到褶皱、断层、线性构造等构造特征，对勘探计划进行指导，如图 2-9 和图 2-10 所示。

　　利用 COSMO 高分辨率雷达图像进行差分干涉测量，可以测量毫米量级的微小形变，能够有效监测地面沉降、火山活动、地震等，如图 2-11、图 2-12 所示。

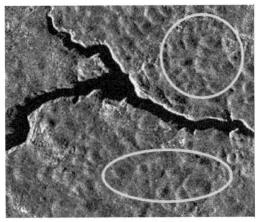

图 2-9　3 m 分辨率 COSMO 雷达图像显示的贵阳
喀斯特地貌丘形特征

图 2-10　3 m 分辨率 COSMO 雷达图像显示的
四川攀枝花地区层状地貌特征

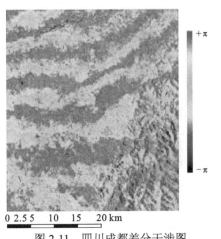

图 2-11　四川成都差分干涉图

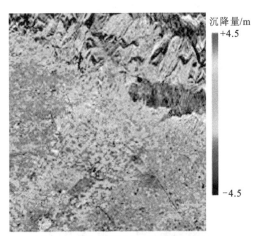

图 2-12　差分干涉监测大区域形变

2.2.4　灾害监测

卫星遥感系统有能力为灾害管理提供重要的信息和服务。它可以提供实时的和有一定频率周期的全面的、动态的大面积覆盖监测。

1. COSMO 在灾害监测方面的应用

COSMO-Skymed 星座采用聚束成像模式，能够提供合适尺度的小区域高分辨率图像，用来对火灾区域进行界定，并且其多极化、多入射角影像能够对火灾区域进行 3D 评估，并对植被再生进行监测；可以从多极化图像中提取地表湿度信息，用于洪涝地区监测，并能在多云、雨水天气下实现实时灾害监测；利用合成孔径雷达（synthetic aperture radar，SAR）差分干涉测量能够有效地对微小地表变化进行探测，能够对地震区域进行评估监测（邵叶，2011）。

COSMO 主要应用于山体滑坡、土壤侵蚀、火灾、洪水、地震等灾害的监测和评估，如图 2-13～图 2-17 所示。

图 2-13　农业环境灾害评估图

图 2-14　山体滑坡方向预测图

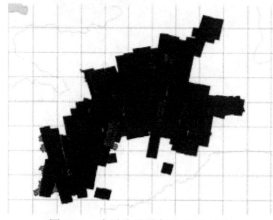

图 2-15　汶川地震重灾区 SAR 影像

图 2-16　汶川地震后 COSMO 获取的第一景

1 m COSMO 数据（都江堰区）

2. IKONOS 在地震监测方面的应用

IKONOS 高分辨率卫星图像在城市基础数据的获取与更新、地震灾害的快速评估与地震应急决策中有广阔的应用前景。在 IKONOS 卫星影像上，可以轻易分辨出城市防震减灾工作中所需要的基本要素，如建筑物、构筑物、道路和桥梁等。利用遥感图像处理软件可以从 IKONOS 数字图像中自动提取地物的形状、位置和属性等信息，从而节省大量的人力和财力。IKONOS 卫星图像的更新速度远远高于城市地震灾害评价所需要的航空相片或大比例尺地形图的更新速度，可以保证数据的时效性。

图 2-17　COSMO 影像滑坡体堵塞河道图

2.3　我国遥感卫星的地质应用

国土资源部（现为自然资源部）是我国最早将航天遥感技术应用于地质矿产、土地管理、城市与环境等领域的部门之一。近 30 年来，在资源和环境调查与评价中，遥感技术的广泛应用对促进国民经济建设起到了推动作用。

2.3.1　不同层次地质应用的空间分辨率需求

地质应用的不同领域及应用研究的不同层次对遥感数据的空间分辨率有不同要求，如大面积的固体矿产普查要求分辨率较低，而对地震进行评估则要求分辨率高。各研究层次对遥感图像空间分辨率的基本要求见表 2-5。

表 2-5　各研究层次对遥感图像空间分辨率的要求

序号	研究层次	分辨率/m
1	概略地质制图	1 000
2	地热资源	1 000
3	区域地质构造	300
4	土地类型划分	200
5	地质构造详查	30
6	矿化地段调查	30

序号	研究层次	分辨率/m
7	侵蚀调查	10
8	污染源识别	10
9	地震评估	1~5
10	大比例尺土地详查	1~3
11	土地利用变化监测	1
12	大比例尺地形图测绘	0.1~0.5

2.3.2 资源卫星地质应用需求的初步分析

资源、环境是人类生存和发展的基本条件，合理开发利用资源、加强生态和环境保护，是促进我国经济可持续发展和社会全面进步的基础。为了加强国家对土地资源、矿产资源和海洋资源的规划、管理、保护和利用，国土资源部（现自然资源部）在评估、总结我国地质调查和矿产资源勘查成果基础上，于2010年组织开展了新一轮的国土资源大调查工作，这是一项跨世纪的宏伟工程。由国家填图计划、矿产勘查跨世纪工程、地质灾害预警工程、数字国土工程和技术发展工程组成。其主要任务是全面更新1∶25万为主的地学基础系列图件、发现一批具有大型以上规模的矿产地、建立全国地质灾害的预警系统并进行地质灾害监测和防治，建立土地质量动态评估系统及进行重要区带的地下水勘查开发等工作。这些工作正是遥感技术可以发挥重要作用的领域。因此，遥感技术在新一轮的国土资源大调查中具有广泛的应用前景。

资源一号卫星是我国第一颗地球资源卫星。其发射目的主要是收集有关土地利用、农作物估产、水资源、地质矿产、城市规划、环境保护及海岸带监测等方面的信息，因此，它所获取的资料对新一轮国土资源大调查无疑具有重要价值。

在国家填图计划工程方面，从当今航空航天遥感技术的发展和实际应用情况看，资源一号卫星由于光谱与空间分辨率有一定局限性，目前看很难作为主要的遥感资料使用，然而在小比例尺区域地质环境尤其是在土地荒漠化调查、构造稳定性评价、小比例尺地质调查与控矿规律研究、小比例尺的土地动态监测和西北生态脆弱区的土地利用与土地现状及变化趋势研究等方面仍可发挥应有的作用。因此，将资源一号卫星与其他航空航天遥感技术相结合，将有效地满足新一轮国土资源大调查的需要。在对资源一号卫星资料实际应用研究后，如性能价格比合适，可以全面推广使用。

在矿产勘查跨世纪工程方面，今后几年的主要目标是发现一批具有大型以上规模的矿产地和在西北、西南严重缺水地区发现一批地下水资源地，工作重点是在中西部地区。航空、航天遥感技术在矿产勘查方面一直发挥着重要的作用。资源一号卫星资料受光谱分辨率与空间分辨率限制，在岩石、地层单元识别、蚀变带信息提取及其他重要地质找矿信息的提取等方面很难满足对大中型矿产地预测的需要，必须配合航空遥感和其他较高光谱及空间分辨率的卫星遥感资料。但资源一号卫星资料在全国矿产资源潜力评价、大区域尺度控矿规律研究与油气、地下水资源调查等方面仍可发挥一定作用。

在地质灾害预警工程方面，今后几年的主要目标是查清我国主要地质灾害的种类、时空分布、规模、危害程度，开展地质灾害的预警和防治。航空遥感技术和高光谱、高空间分辨率的卫星遥感技术及 GPS、GIS 技术是上述目标实现的可靠保证。资源一号卫星资料可用于中小比例尺土地荒漠化、水土流失等缓变性地质灾害的调查与监测工作。

综上所述，资源一号卫星对于小比例尺的国土资源调查具有一定的应用价值。但由于该卫星是我国的第一颗资源卫星，其真正的利用价值需进行专门的应用研究后才能评价，建议借鉴日本等发达国家经验，在数据获取后首先组织应用部门开展一系列相关课题的研究。一方面评价该卫星的应用效果，带动国内使用国产卫星数据的热情；另一方面总结经验，为资源三号、资源四号卫星的发射提供可资借鉴的技术参数。

2.3.3　地质应用对资源卫星后续星的需求分析

与当今国际遥感技术发展趋势一样，发射我国高光谱、高空间分辨率的资源星、测地星、海洋星等系列卫星及雷达遥感卫星将是今后一段时间内的主要需求。因此，提高资源卫星后继星的光谱分辨率和空间分辨率是十分重要的，这不仅与应用部门越来越高的应用水平和实际需要有关，而且也是国际竞争的客观需要。显而易见的情况是，尽管遥感应用主要服务于政府部门，然而其运行机制市场化的趋向是必然的，后继星若无技术、质量方面的优势，将无法与国外遥感数据竞争。后继星性能的提高程度取决于我国现有的技术基础、研制时间限制及经费投入力度等多种因素，过分苛求并不现实。总之，我国对发展国产资源卫星特别是对后继星寄予了很高的期望，所提要求也多从实际应用需要出发，满足生产和管理所需，并非一味追求国外发展水平。差距总是存在，但相对差距不应太大。这个标准应以满足大多数资源卫星应用用户需求为准。

第3章 卫星任务规划基础

3.1 卫星任务规划概念

随着航天任务复杂化和要求的提高，在轨运行的成像卫星数量不断增多，用户对卫星观测数据的需求也迅速增加，由多颗星组成的星座系统在通信、导航和遥感等领域都得到重要的应用（Argoun，2012）。传统的单星任务规划方式已经不能满足日益增长的用户需求，比如要实现全球或者特定区域的不间断成像、通信等。为了统筹兼顾，有效地利用这些成像卫星资源，在有限的时间内最大限度地满足不同要求用户的成像需求，将卫星的综合效益发挥到最大，需要采用多星协同联合观测的方式，在空间部署若干个相互协同工作的不同类型的对地观测卫星，考虑如何有效地对多颗成像卫星进行综合任务规划，以完成资源调查、环境保护、灾害监测、军事、精细农业、土地规划和区域开发等多项任务，已成为诸多航天强国关注的热点和追求的目标。

在考虑卫星载荷侧摆的多星联合对地观测调度规划问题中，实际完成成像或数传任务的是星载载荷设备（如传感器、相机或天线），而不是卫星本身，指定每个卫星可能同时携带多个载荷设备，并将其称作资源。因此，针对复杂覆盖需求（按时间划分的瞬时性覆盖、周期性覆盖、连续性覆盖问题；按目标划分的点目标、线目标、特定区域目标、纬度带目标和全球目标；按卫星划分的单星覆盖和多星联合覆盖等）下的多星联合对地观测问题，需要提出大量非常有效的覆盖计算和覆盖分析方法，包括以网格点划分、经度条带划分、覆盖单元划分的数值法和基于点目标、纬度线或全球的解析法，并且都在相关问题上表现出了很好的性能。通过对复杂覆盖需求下的多星联合对地覆盖能力的计算，指标的定量化描述，可以有效地评估卫星星座系统的静态应用性能。

在卫星对地观测过程中，由于成像卫星高速运行在近地轨道中，而每个成像任务必须在卫星过顶时刻才能进行，这样每个成像任务都有一个可见时间窗口的限制，并且每个任务要求指定时长的观测时间（Niu et al.，2015）。对每个任务的一次完整观测都必须安排在同一个资源的同一个可见时间窗口上被连续地完全执行（Yao et al.，2010）。对于每个任务而言，尤其是在多星多任务调度过程中，在整个仿真周期内每个任务可以被安排在多个资源的多个可见时间窗口上执行，因此更多的操作约束需要被考虑（如卫星能量约束、存储能力约束、资源有效性限制、任务空间分辨率约束等）。除此之外，对于敏捷卫星而言，星载传感器在执行观测任务的过程中，需要指定一个侧摆角和旋转角使其指向目标，因此同一个资源上的连续两次观测间需要考虑资源最小转换时长约束，用于将传感器调整到正确的姿态上进行下一次观测（Mao et al.，2012）。可见，一方面，每个点目标在同一时刻可能被多个资源观测执行，但观测目标的总收益最多只被计算一次，因此需要考虑选择哪个卫星去执行该任务；另一方面，卫星在一段时间内对姿态的调整能力有限，在成像过程中很多资源需要独占，很多时候即使在同一时间窗口上可以同时观测到多个任务，但是考虑到执行两个任务之间的资源最小转换时长约束，最多只有一个任务可以被安排在该资源上执行，从而导致卫星不能在一个仿真时段内完成所有的成像任务，成像卫星所完成的往往只是一个子集。

在卫星成像技术发展之初，星载遥感器种类较少且功能单一，并且用户也较少，成像任务较少，同时成像卫星的侧视角度变化较小，成像卫星的控制较为简单，因此对调度相关方面的需求不大。随着卫星成像技术的迅速发展，成像卫星上所携带的遥感器的种类与功能迅速发展并多样化，随之而来的是各个领域内用户需求的增加，同时卫星平台对遥感器侧视角度的控制能力大大增强，有些卫星上的遥感器甚至可在三个自由度方向上进行偏移，导致现在卫星的控制变得非常复杂，在成像过程中必须考虑多种复杂的约束才可以保证卫星系统高效地、安全可靠地运行并顺利安排成像任务。

卫星任务规划，就是在综合考虑卫星、传感器和地面站等资源与用户需求等条件下，将资源无冲突地分配给各个任务，最终获得调度方案，使卫星能够最大限度地完成任务与满足用户需求。卫星任务规划是一类复杂的带时间窗口约束的混合资源和时间窗口分配的复杂调度问题，并且已经被证明是非确定性多项式（nondeterministic polynominal，NP）难问题。在多卫星系统完成多项观测任务时，需要考虑多卫星观测系统在观测时受到的各方面约束。这些约束包括来自卫星观测系统的约束和来自观测任务自身的约束。这些约束牵涉的变量个数很多，约束本身错综复杂，问题的规模庞大。

3.2　卫星任务规划调度模型

对于多颗卫星、多种遥感器、多任务和很多约束条件的情况，如何实现对这些观测资源的统一管理和任务规划，使这些观测资源能够协同工作，进而生成一个满意的卫星资源调度方案，分配卫星资源来完成更多的观测任务，是需要解决的一个重要问题，该问题中涉及最大成像任务效益和最小能量消耗这两个目标。目前，国内外学者对多星对地观测及数据传输联合调度规划问题进行了大量的研究，并根据卫星的应用特性和任务需求，主要提出了有向图模型、背包问题模型、整数规划模型、机器调度问题模型和约束满足模型。

3.2.1　有向图模型

Gabrel 等（2002，1997）将成像调度问题表示成一个加权有向无环图（valued acyclic digraph），如图 3-1 所示。其中，每个子图 G_i 表示卫星的一个运行圈次，每个子图中除了首尾结点 b_i 和 e_i 表示圈次的开始和结束之外，其余各个节点表示待安排的成像任务，且都关联一个与优化目标相关的权重。如果 $(s,t) \in A_i$，A_i 为子图 G_i 的边集，则表示在

G_i 对应的圈次中，任务 t 在任务 s 之后执行。基于该定义，对地观测卫星成像调度问题可以转换为带约束的路径搜索问题，问题的求解目标是寻找 G 中的一条最长路径。

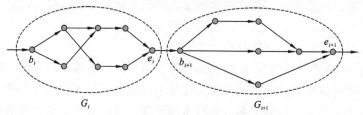

图 3-1　单星调度规划有向图模型

何川东（2006）采用图论思想构建了成像目标有向图模型，并建立了成像计划编制的多准则最短路径搜索模型，如图 3-2 所示。王钧（2007）则采用任务调度有向图模型描述了多星调度阶段优化过程中单星层面的任务关系。郭玉华等（2009）针对一类可见光对地观测卫星小问题规模下的应用，考虑卫星动作时间切换、存储容量、星上能量等复杂约束，建立顶点和边都带权的无环路有向图模型，并基于标记更新最短路径算法，采用分层支配和分治思想，提出了复杂约束成像卫星调度算法进行完全路径搜索，得到问题精确解。Wu 等（2012）研究了面向应急任务的多星调度规划问题，通过消除应急任务间的冲突，把所有任务分配给相关的卫星，将多星调度问题转换为单星调度问题。他们提出了一种约束修复方法以确保所有的解都满足应急任务的约束需求，并构建了一种数学模型及一种非环式的有向图模型，在此基础上结合局部迭代搜索法，建立了一种混合蚁群优化算法。

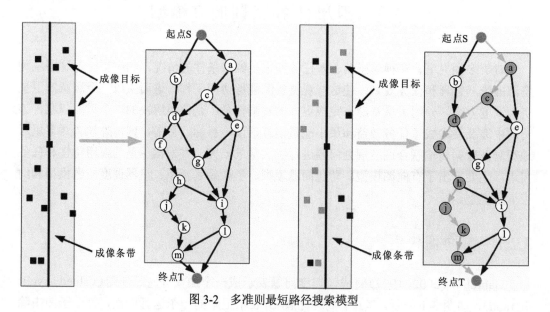

图 3-2　多准则最短路径搜索模型

有向图模型的优势在于模型直观、便于理解，能够表达多个成像任务之间的相互依赖和执行序列关系，并且可以借助成熟有效的多项式时间图论求解算法；其缺陷在于模型表达力不强，无法在模型中体现一些实际约束，如考虑任务观测时间窗口、每个任务可以在多个资源的多个时间窗口上执行、区域或立体成像需求、侧摆调整次数限制等，并且难以表达任务间执行序列的高动态变化和多星联合调度中卫星资源的选择这一决策。因此，有向图模型多用于单星且每个任务只有一个可见时间窗口的调度问题或已分解到单星层面的简化多星调度问题（Gabrel and Murat，2003）。

3.2.2 背包问题模型

Vasquez 和 Hao（2001）将成像调度问题描述成一个多重背包问题（multi-dimensional knapsack problem）。模型中可以表示存储容量和能量限制等多个维度的约束，并提出了禁忌搜索算法。当任务的观测机会不止一个时，最多选择其中之一安排执行，以最大化已安排任务的加权和为优化目标。Wolfe 和 Sorensen（2000）研究了每个任务只有一个时间窗口的成像调度问题，并建立了带时间窗口约束的背包问题模型。

背包问题模型的优点是形式简单，可以表示多个维度的资源约束，有高效的最优或近优求解算法。模型的缺点与图论模型相似，也是无法表示一些复杂实际约束，如区域观测需求等，并且不利于扩展到多星联合调度的情况。

3.2.3 整数规划模型

Gabrel（2006）研究了单星成像调度问题的两类 0-1 整数规划模型，一类模型基于每个成像任务是否执行的布尔变量，另一类模型基于两个成像任务是否可以先后连续执行的布尔变量，并基于完全图（perfect graph）上的稳定集凸包（stable set polytope）性质解释了为什么后者相比前者能够提供更紧凑的问题上界，并借助大规模问题实例上的实验验证了该结论。

Bensana 等（1999）提出整数线性规划（integer linear programming，ILP）模型来描述成像卫星调度问题。整数线性规划模型可以描述卫星调度问题中的所有线性约束，并且可以充分利用商用现货优化软件工具（如 CPLEX，XPRESS-Optimizer 等）。Sun 等（2010）研究了单星任务规划问题，并将其看作一个典型的具有显著特性的单机调度问题，构建了整数规划模型去形式化描述卫星任务调度问题，并采用遗传算法进行求解。Marinelli 等（2011）以最大化收益值为目标，将该问题转化成带有时间约束的多处理机任务调度问题，建立了复杂约束下的 0-1 线性规划模型，利用拉格朗日松弛法进行求解。徐欢等（2010）在一些基本假定的基础上，建立电子侦察卫星静态任务规划的混合整数规划模型，提出了一种解决电子侦察卫星任务规划问题的模拟退火算法。

由于整数规划模型本身的求解困难性，当模型规模逐渐增大时，一旦缺乏有效的分支定界策略，求解效率将比较低，只有借助于一些复杂的问题分解方法，如列生成法、拉格朗日松弛法，才能找到问题最优解的紧凑上界（假定问题是最大化问题），以指导寻优过程。

3.2.4 机器调度问题模型

Lin等（2005）将单星成像调度问题归纳为单机调度问题，主要针对台湾的华卫二号卫星（ROCSAT-II）的成像调度。贺仁杰（2004）研究了将多星联合调度问题看作一类具有时间窗口约束的并行机器调度问题（parallel machine scheduling problem with time window，PMSPTW），其中机器相当于卫星，工件相当于成像任务，机器加工工件的允许时间窗口相当于卫星对地面目标的可见时间窗口，工件的加工时间相当于卫星对目标的成像时间，机器在加工工件时的转换时间相当于卫星在执行成像任务时的转换时间。调度目标是使所有加工工件的总权值最大，即完成的成像任务总效益值最大。Bard 和 Rojanasoonthon（2006）与 Rojanasoonthon（2004）研究了中继卫星的多星联合调度问题，同样将其看作一类具有时间窗口约束的并行机器调度问题。Skobelev 等（2017）将多机技术应用到遥感卫星调度问题中，设计了贪婪算法和冲突移除策略两阶段算法。

3.2.5 约束满足模型

Globus 等（2004）针对美国国家航空航天局（National Aeronautics and Space Administration，NASA）的多星调度问题建立了广义的约束满足问题模型，并考虑了任务需求的优先级及每颗卫星搭载多个遥感设备的情况。白保存（2008）考虑了地理位置上临近的目标成像之间的联系，从任务合成的角度建立了多星联合调度的约束满足模型。王钧（2007）研究了全局优化模式下成像卫星综合任务调度问题，将多目标支配关系引入建立的约束满足模型中。刘伟（2008）将卫星任务规划问题分成规划预处理与优化调度两个阶段，提出了混合整数规划模型、约束满足优化规划模型及将前两种模型结合起来的新模型。针对不同模型研究不同的求解算法：用来求解混合整数规划模型的改进拉格朗日松弛算法，用来求解约束满足优化规划模型的模拟退火算法，用来求解新模型的启发式算法。祝江汉等（2011）研究了电子侦察卫星在执行初始侦察计划的过程中新任务动态到达的情况，以最大化完成任务优先级之和，并使新任务到达后，对原始侦察计划调整最小为目标，建立了具有两级优化目标的动态约束满足模型，提出了一种基于启发式规则的动态插入算法，但该方法只适用于求解任务规模较小的问题。张万鹏等（2010）针对约束规划中的局部邻域搜索算法不能有效反映对地观测卫星成像的时效性和分辨率等需求的问题，建立了多星约束满足模型，提出了基于动态优先级的局部邻域搜索算法。该算法在经典约束满足问题求解算法的基础上，扩展了任务优先级的定义及在搜索过程中的启发式。

虽然约束满足模型的描述能力强，模型求解有约束传播算法作为支撑，但是通用的约束传播算法的效率通常较低，主要原因也是缺乏有效的分支定界策略。另外，约束规划软件长于求解问题的可行解，其搜索最优解的成功率并不高。

3.3　卫星任务规划算法

在大规模多星联合调度规划问题求解算法的设计中，Yao 等（2010）与 Wu 等（2012）将该问题划分成任务到资源划分的主问题和多个单星调度规划的子问题。该方法的关键在于如何合理地将一系列高度相互关联的任务集进行聚类，将多星联合调度规划问题分解成单星调度规划问题，从而降低问题复杂度，提高求解效率。然而，每个任务可以被分配到多个资源的多个时间窗口上且所有可见时间窗口是相互关联的，任务到资源的直接划分容易导致调度方案陷入局部最优解。除此之外，一系列任务优先合成策略也被 Xu 等（2010）与 Wang 等（2015）进行了研究，他们简化了任务执行时长，降低了观测活动的个数。对于多颗协同工作的卫星的调度规划问题，主要有确定性算法和启发式算法两大类。

3.3.1　确定性算法

Verfaillie 等（1996）在其给出的加权约束满足模型基础上，提出了一种类似于分支定界的 Russian DollSearch 算法，将一个搜索问题分解为多个嵌套的子问题，并用较小子问题的搜索结果来调整较大子问题的下界，以较快地找到最优解。Damiani 等（2004）从决策科学的角度，提出了成像卫星调度的序贯决策模型，模型中考虑了调度中不确定因素的局部收益，可以利用有效的动态规划算法进行求解，只是随着模型中一些实际约束的加入，模型的复杂性将急剧增加。德国的 Florio 等（2005）采用具有 Look Ahead 功能的优先级分配策略解决 SAR 卫星星座任务规划问题，但没有给出数学模型；考虑了动作切换、能量、传输、存储等约束，但贪婪方法无法保证算法收敛性。意大利的 Bianchessi 等（2008，2006）基于整数规划数学模型，研究了名为 COSMO-SkyMed 的 SAR 卫星星座的任务规划问题，考虑了卫星侧摆、数据传输等约束，并考虑了特殊的存储使用约束，采用了一种贪婪构造算法求解可行解，并基于拉格朗日松弛算法获取问题的上界，但贪婪求解方法无法保证算法收敛性。徐雪仁等（2007）则根据我国资源卫星的特点，提出了目标选择规则、遥感器适应规则、图像质量优先规则及目标访问参数优化规则，并提出了相应的贪婪算法。

3.3.2　启发式算法

以禁忌搜索（Habet et al.，2010；Bianchessi et al.，2007；Vasquez and Hao，2003）、模拟退火（Wu et al.，2017；Xhafa el al.，2013）、遗传算法（Xhafa et al.，2012；Sun et al.，2010）、演化算法（王茂才 等，2016；Salman et al.，2015；Bonissone et al.，2006）和蚁群算法（陈晓宇 等，2019；Xu et al.，2016）等为代表的智能优化算法近年来在大规模组合优化问题中得到了广泛的应用，它们在成像调度中也显示了较强的能力。

Frank 等（2001）利用启发式的随机搜索算法（heuristic biased stochastic search，HBSS），设计了多种启发式规则，取得了较好效果。Mougnaud 等（2005）采用基于启发式的随机取样（stochastic sampling）算法，综合考虑任务优先级、任务剩余观测机会及资源竞争度，并加入一定的随机因素。但是在问题规模较大、资源紧缺的情况下，贪婪算法容易陷入局部最优解，且即使在算法中引入随机策略也难以求得最优解。

王钧（2007）针对多星成像调度问题，采用全局优化和阶段优化两种处理策略。在全局优化策略中，允许为同一成像任务同时分配多个成像资源，通过代价函数来减少重复成像次数。在阶段优化策略中，根据成像概率将多星成像问题分解为多个单星成像子问题，采用基于第二代强度 Pareto 演化算法（improving the strength Pareto evolutionary algorithm，SPEA2）和第二代非支配排序遗传算法（non-dominated sorting gentic algorithm II，NAGA-II）框架下的多目标任务调度算法。该研究中考虑了卫星侧视约束、存储容量约束和能量约束，对数据传输的考虑比较简单。孙凯等（2013）提出将原问题分解为任务资源匹配及单星任务处理两个子问题的分解优化思路，设计了学习型遗传算法解决任务资源匹配子问题，并采用后移滑动策略及最优插入位置搜索策略解决单星任务处理子问题。但当问题规模较大时，该算法求解时间消耗较长。

王沛和谭跃进（2011），贺仁杰（2004）将多星成像调度问题看作有时间窗约束的并行机调度问题，建立了成像侦察卫星调度问题的约束满足问题模型和混合整数规划模型，并给出了相应的列生成算法和禁忌搜索。其所采用的列生成算法也要求原问题必须是线性规划问题。该设计调度算法的实现依赖于 ILOG 和 CPLEX 等商业软件，研究中只考虑了侧视约束。李菊芳（2005）研究了多星多地面站的任务规划问题，建立了基于约束规划与启发式局部搜索相结合的混合约束规划模型。其中启发式局部搜索采用了贪婪随机插入、变邻域禁忌搜索和导引式禁忌搜索三种策略。

Bonissone 等（2006）将领域知识引入遗传算法，通过显性和隐性知识，处理卫星成像过程中的静态和动态约束，解决了一个包含 25 个卫星的星座调度问题。李云峰和武小悦（2008）研究了一种基于遗传算法的卫星数传混合调度算法，建立了卫星数传任务模型和卫星数传调度模型，提出了卫星数传可能冲突及任务执行冲突度等概念，然后对基于冲突消解的遗传算法进行了设计，并给出了基于该遗传算法的卫星数传混合调度算法。徐欢等（2010）在一些基本假定的基础上，建立电子侦察卫星静态任务规划的混合整数规划模型，提出了一种解决电子侦察卫星任务规划问题的模拟退火算法。贺仁杰等（2011）建立了考虑任务合成的成像卫星调度模型，并基于快速模拟退火算法构造了求解成像卫星任务规划问题的算法。

NASA 的 Globus 等（2004）将多星成像调度问题表示成置换序列，基于贪婪调度算子为置换序列分配成像资源，比较了随机爬山（stochastic climbing hill）法、模拟退火（simulated annealing）法、遗传算法（genetic algorithm）、随机采样（iterated sampling）法、吱呀轮优化（squeaky wheel optimization，SWO）算法五类方法，在其结论中认为模拟退火法的效果较好；其研究考虑了侧视约束、卫星存储容量等约束条件，并考虑了卫星能量限制，对地面站数据传输进行了简化处理。Oberholzer（2009）比较了遗传算法、禁忌算法和模拟退火算法在同类型卫星组成星座的成像调度问题上的性能表现，得出了遗传算法更加出色的结论。冉承新等（2009）通过对任务需求进行预处理，提出了电子侦察卫星任务规划简化模型，并针对遗传算法及模拟退火算法各自的优缺点，设计了一种基于冲突消解的遗传模拟退火算法对问题进行求解。Zheng 等（2017）提出一种改进的混合动态变异算子的遗传算法来求解多星联合对地观测调度规划问题，显著提升了遗传算法的性能。

白保存（2008）针对考虑任务合成的多星联合成像调度问题，针对整体优化策略，比较了基于整体优化策略的任务动态合成启发式算法、模拟退火算法及基于分解优化策略的自适应蚁群算法，得出了任务动态合成启发式算法速度较快、模拟退火结果更优，自适应蚁群算法更适合于大规模问题的结论。随后，陈祥国和武小悦（2009）、李泓兴等（2011）、严珍珍等（2014）提出了一种基于加入精英策略的改进蚁群算法的多卫星成像调度方法，对算法的状态转移规则、信息素更新规则做了详细描述，并提出了基于启发式规则的任务路径处理流程。Xu 等（2016）提出了基于任务优先级指标的蚁群算法，研究了最大化收益值的多敏捷卫星对地观测调度规划问题。Wang 等（2011）针对多星动态任务规划问题，基于多机强化学习和转移学习策略，提出了一种用于多星动态任务规划的混合学习算法。同时，为了避免随机出现的观测需求引起的历史信息学习失败，提出了一种新的方法用于平衡任务规划的质量和效益。

Niu 等（2015）与 Zhai 等（2015）也将面向动态应急任务的多星联合调度规划问题划分成两个步骤：①首先采用 NSGA-II 算法生成常规任务的临时调度方案；②当应急任务到来时，进一步采用一些启发式方法调整常规任务的调度方案。在第一个步骤中，假设任务开始执行时间已被指定并按照不同的卫星资源对染色体编码，由于任务个数要远远大于资源的个数，在演化的过程中限制了交叉操作的灵活性。Wang 等（2015，2014）研究了相同的动态应急调度规划问题并采用任务合成策略和启发式策略求解了该问题。该研究在求解的过程中忽略了资源的可行性和常规任务对应急任务的影响。事实上，常规任务和应急任务对资源利用率、任务优先级和所有可见时间窗口之间的争用冲突因素对优化的过程有着显著的影响。

3.3.3　调度方案上下界分析法

与启发式和超启发式等不完全算法求解问题满意解或近优解相对，完全搜索算法能够求得问题最优解，但是通常限于求解较小规模的问题。完全算法的典型代表有分支定界算法、动态规划算法、俄罗斯套娃搜索算法、列生成算法、割平面算法、拉格朗日松弛算法等。

评价上述算法优劣的一个标准是考察它所计算的可行解目标函数值与最优目标函数值的差别；评价当前场景配置合理性的一个标准是考察最优目标函数值与完全满足当前场景需求的收益值之间的差别。但是，由于航天测控调度问题难度较大，求解最优目标函数值是非常困难的，一个有效方法是通过计算目标函数上界，利用上界和下界（可行解目标函数值）的差来评价启发式算法可行解的优劣性，利用上界和完全满足需求收益值的差来评价当前场景配置的合理性。拉格朗日松弛算法就是求解上界的一种有效方法，其基本思想是：使用拉格朗日乘子向量，将造成问题难以求解的复杂约束引入目标函数中，并使目标函数仍保持线性，形成另一个或一系列相对简单的松弛问题，其最优解即是原问题最优解的上界。

由于完全搜索算法可以求得问题的最优解，所以它也常被用来评估启发式和超启发式算法在一些中小规模算例上的表现。Vasquez 和 Hao（2001）将禁忌搜索和动态规划思想融入分而治之策略，得到了问题上界，并与问题的线性松弛上界和背包模型松弛上界进行了比较。Benoist 等（2004）则用俄罗斯套娃搜索算法求得了同一类问题的另一个紧凑上界。Ribeiro 等（2010）采用割平面算法来解决 SPOT5 卫星的调度问题，将该调度问题类比为组合优化理论中的顶点背包系统（node packing system）和三元正则独立系统（3-regular independence system），将团不等式（clique inequalities）作为割平面引入问题的整数规划模型，缩小了模型本身的线性松弛解和模型的整数最优解之间的最优间隙（integrality gap），用 CPLEX 作为整数规划求解器，得到了大多数问题实例的最优解。Bianchessi 和 Righini（2006）借助列生成算法得到的问题上界，评估了其设计的禁忌算法在多星多圈次联合调度问题上的表现。

Lin 等（2005）用拉格朗日松弛算法来评估其设计的禁忌算法在华卫二号卫星调度问题上的性能。靳肖闪和李军（2005）建立了卫星成像调度问题的 0-1 整数规划模型，并运用拉格朗日松弛算法获得了该问题的一个紧致上界，用来评价搜索算法所得到的最优目标函数值。Bianchessi 和 Righini（2008）还利用拉格朗日松弛算法将多星（SAR 卫星星座）联合调度问题分解为单星子问题，并利用求得的问题上界作为搜索起点，在时间允许的情况下搜索问题近优解或最优解。康宁和武小悦（2011）将拉格朗日松弛算法引入航天测控调度问题，构建了航天测控调度 0-1 整数规划模型，用拉格朗日松弛算法对该问题上界进行求解，用综合优先度算法和遗传算法分别获得该问题的一个可行解，用来与所求上界进行比较，并对算法的有效性进行了验证。Wang 和 Reinelt（2010）研究了多约束下的星地集成调度规划问题，构建了一种非线性模型，提出了一个带有冲突避免、回传限制和按需下载功能的基于优先级的启发式算法，使其在很短时间内生成满意的可行方案。随后，将问题抽象成一类含多时间窗口和可补充资源约束的异构多车搭载递送问题，并在适当假设的基础上，建立了问题的数学模型，创新性地提出将分支定价求解算法应用于多星多站集成调度问题。该模型能够在较短时间内求得中小规模算例的最优解。但是，该模型难以评估算法的有效性，而且当问题规模较大时，问题求解时间复杂度会呈指数增长（Wang et al.，2011）。

3.4 卫星任务规划问题的复杂性

从成像卫星规划与调度问题的研究来看，许多研究都还集中于单星调度，直至最近一些年才出现一些有关多星调度问题的研究。这些研究均还处于实验室理论研究阶段，还远没有达到实用程度,并且这些研究通常采用简化问题模型的方式以降低求解的难度。由于成像卫星规划调度问题的复杂性,从求解调度问题所采用的算法来看,智能搜索算法等一批近似算法已经成为成像卫星规划调度问题的主要求解算法。

与普通的规划调度问题不同的是,成像卫星规划调度的一个主要特点是观测目标的时间窗口特性,而且该时间窗口与卫星相关,随着执行观测任务的卫星的不同而不同。卫星与目标之间并非时时可见,而是存在可见时间窗口约束。只有在可见时间窗口内,卫星侦察任务才可能执行并完成。

从调度理论研究来看,目前几乎所有的调度理论研究都没有考虑工件的加工时间窗口与机器相关这一约束条件,且只考虑了单时间窗口的情况,而没有考虑加工过程存在多个时间窗口的一般情况。从调度优化条件来看,大多数理论研究考虑的是最小化加工时间或加工费用,所有工件都必须安排加工,这与成像侦察卫星的调度目标有所不同。

卫星任务规划的各种约束和需求特点,导致这类问题具有很高的复杂性,具体体现在以下两个方面。

3.4.1　问题建模复杂度高

对卫星任务规划问题建模需要考虑具体的卫星载荷使用约束和观测任务请求特点。卫星载荷特点不同,问题约束条件相应不同,适宜的问题求解模型一般也不同。如只考虑动作切换时间约束条件,可以把问题抽象为带时间窗口的最长路径问题,但当引入存储容量约束时,该问题模型就不再适用。另外,观测任务请求的需求特点不同,相应的问题目标函数和规划准则一般也不同,从而使得对问题的建模十分困难。

3.4.2　问题求解复杂度高

对于组合优化问题,问题模型的任何一个微小改变都可能显著改变标准问题求解方法的性能,甚至导致已有算法无法应用。对多类型卫星联合任务规划来说,仅考虑动作切换时间约束条件下,对可以抽象成一个带时间窗口的最长路径问题进行分析,可认为该问题与带时间窗口的最长路径问题类似,问题具有组合爆炸特性。当把更多的复杂载荷约束引入问题领域时,问题的模型更复杂,进行问题求解的复杂度也相应更高。高度复杂性是成像卫星调度问题的典型特性,尤其是在动态环境下,复杂性表现得更为突出。具体来说,复杂性主要表现为计算复杂性、建模复杂性、动态不确定性、约束条件的多样性与复杂性、多目标性。

第 4 章　多星多任务协同规划

对于一些简单的最优化问题，通常都是以分析与泛函为基础，对优化问题进行严格的理论证明，提出确切的求解算法。这些算法只要求解的问题满足一定的条件，保证能求出问题的最优解即可。然而面对复杂系统中的大规模任务规划问题，考虑问题的建模困难、强约束性、非线性、多极值、复杂性等特点，对这类问题的求解研究主要有两个发展方向。一个方向是从数学规划的角度进行求解，通过建立数学模型，采用剪枝策略、分支限界法、切平面法和列生成法等数学规划方法对问题进行求解，这些方法可以高效地生成问题的全局最优解或者近优解；另一个方向是以自然界生物群体所表现出的智能现象为基础而设计的智能优化算法，其实现机理简单，易于理解，对目标函数和模型的表达没有严格的要求，易于编程实现，能在可接受的时间范围内给出问题的一个满意的解。

在多星多任务协同规划过程中，面向高速动态变化的复杂应用需求，服务资源和推演实体数量和种类众多，需要考虑的优化变量可能达到几百维，是一类典型的大规模高维优化问题，并且属于一个 NP 完全问题。大规模优化问题的决策空间维数很高，同时决策空间变量之间具有一定的相互作用关系。随着决策空间维数的增加，大规模优化问题的复杂程度呈指数增加。本章旨在针对点目标和区域目标任务规划问题，描述如何采用数学规划方法和智能优化方法求解大规模高维优化问题。

4.1　大规模组合优化问题规划技术

组合优化问题是指在有限个可行解的集合中找出最优解的一类最优化问题，是运筹学中的一个重要分支。对于一个求最小值的最优化问题可以描述为：X 表示可行解区域，X 中的任何一个元素称为该问题的可行解，f 是定义在 X 上的一个目标函数。求 $x \in X$，使得对于任意的 $y \in X$，有 $f(x) \leqslant f(y)$。最优值表示为 $x^* = \min_{x \in X} f(x)$。

4.1.1　混合整数规划方法

整数规划（integer programming），或者离散优化（discrete optimization），是指数学规划（mathematic programming）问题中所有自变量都是整数的规划问题；0-1 整数规划是整数规划的特殊情况，所有的变量都要是 0 或 1。线性规划（linear programming）特指目标函数和约束条件皆为线性的最优化问题。与线性规划连续的可行域（可行解组成的集合）不同，整数规划的可行域是离散的。

如图 4-1 所示，一条蓝线代表一个线性不等式，但是这里自变量 x,y 被约束成整数变量，因此可行域变成了红线区域内离散的点（线性规划的可行域是蓝色线段围成的区域内部所有的点）。

另外，当优化变量中同时存在整数变量和连续变量时，称为混合整数规划（mixed-integer programming，MIP）问题，如图 4-2 所示。这里是简单的二维情况，自变量 x 是连续的，y 被约束成整数变量（$0, 1, \cdots, n$），这时可行域变成了 4 条离散的品红色线段和品红色整数点（0, 4）。

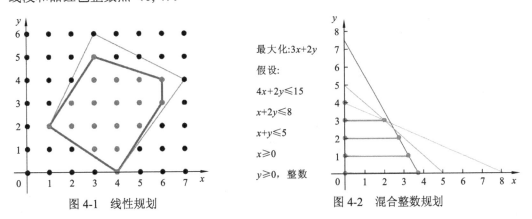

最大化: $3x+2y$

假设:

$4x+2y \leqslant 15$

$x+2y \leqslant 8$

$x+y \leqslant 5$

$x \geqslant 0$

$y \geqslant 0$，整数

图 4-1　线性规划　　　　　　　图 4-2　混合整数规划

凸包（convex hull）是整数规划所有可行解的凸包围，是一个高维空间下的多面体（在二维情况下是图 4-1 中红线围成的多边形）。凸包是未知的，并且是非常难求解的，或者可以说形成凸包需要指数数量级的线性不等式逼近。如果知道了凸包的所有线性表示，那么整数规划问题就可以等价为求解一个凸包表示的线性规划问题。整数规划的可行域是极度非凸（highly nonconvex）的，因此也可以看作一类特殊的非凸优化（nonconvex optimization）问题。

混合整数规划的基本求解过程是枚举所有可行整数解向量，并检测每一组候选解向量是否可行，如果可行则计算其目标函数值，进而找出最优解。由于问题解空间随问题规模呈指数增长，为了提高搜索效率，通常采用分支定界法进行"智能"枚举，并引入割平面或列生成等技术降低搜索空间，提高可行解的搜索效率。

4.1.2　分支定界法

分支定界（branch and bound）法是由 Karp 在 20 世纪 60 年代提出的一个用途十分广泛的算法，多被用于求解运筹学中的大规模整数规划（混合整数规划）问题。分支定界法是按照一定的规则通过构建一个分支定界树，并对有约束条件的最优化问题的所有变量可行解空间进行搜索的过程。在分支定界的过程中，算法需要实时维护一个分支定界树，其中，在整个分支定界树上需要动态维护一个问题的当前最优解节点（包括一个问题可行解方案），并且每一个分支节点都对应一个特定子搜索空间下的一个线性缩放问题，以及该节点的线性缩放问题对应的最优解。每一次分支都是对问题中某个维度上搜索空间进行分解的过程。如果该解是原问题的一个可行解，则表明搜索得到原问题的一个全局最优解，否则该值必然是原问题的一个界限值（此处假设是最小化问题，该值代表问题的全局下界），在选择下一个节点进行分支定界时，如果该节点的线性缩放子问题的最优解大于当前最优可行解，则对该节点进行剪枝，不再向下搜索，从而减小解的搜索空间。按照一定的规则迭代此过程，直到搜索得到问题的全局最优可行解或算法超出优化时长约束。由于该方法的技巧性较强，为了提高最优可行解的搜索能力和搜索效率，在分支定界的过程中需要根据具体的问题特性研究分支策略和分支节点选择策略。

1. 算法实现

根据算法的实现流程可以发现，对于 NP 完全问题，在分支定界的过程中，如果没有剪枝操作，对整个搜索树进行完全搜索所消耗的求解代价是无法承受的。通过剪枝策略可以降低问题的搜索空间，并且如果剪枝节点距离根节点越近，剪切掉的搜索空间也就相应越大。为了提高算法的搜索效率，有必要研究如何构建有效的切割不等式。对于最小化优化问题，为了有效剪枝，通常需要维护下面几个界限。

1）根下界

根下界（root lower bound）即在给定约束条件集下原问题在整个搜索树的根节点线性松弛解的目标函数值。由于分支定界法是一种完全搜索算法，且所要求解的大规模组合优化问题都是 NP 难问题，所以当搜索空间增大到一定程度时，必然不能够对整个搜索树中的所有节点都进行枚举，从而可能无法得到问题的最优可行解。如果在分支的初期能够通过一些操作获得一个"足够精确的"根下界，可有效地削减问题搜索空间，提高分支定界法的效率。

2）全局下界

全局下界（global lower bound）即原问题在当前状态下在整个搜索树上的线性松弛解的目标函数值。在很多时候，问题的搜索空间过大，一直无法优化得到非常接近全局下界的一个可行解，同时在该状态下并不是搜索到的可行解不够好，而是由于问题的全局下界不够准确。因此获得该问题的"紧缺"下界，可以有效地反映在获得问题的全局最优解之前，当前求得的最优可行解的优劣。该值越小，对应的问题界限越紧缺。

3）局部下界

局部下界（local lower bound）即在当前分支节点上线性松弛解的目标函数值。如果当前分支节点上的最优值等于该局部下界，则记录当前最优可行解，并对该节点分支做剪枝，不再继续搜索；否则，当前分支节点上的最优值一定大于该局部下界。

4）当前最优可行解

当前最优可行解（current optimal feasible solution）即在整个搜索过程中，原问题在当前搜索树上的最优可行解方案。因为整个搜索树上的子节点的可行解必然也是其父节点的可行解，所以通过维护当前最优可行解也有助于对性能不够好的分支节点空间进行剪枝。每次的分支定界操作后都需要实时更新并维护问题的当前最优可行解方案。

2. 算法基本流程

算法实现基本流程分为如下 5 个步骤。

步骤 1：初始化。初始化在分支节点列表中只有根节点，原问题的根下界、全局下界、局部下界和全局上界。

步骤 2：节点求解。先不考虑原问题的整数限制，求解当前节点上相应的松弛问题。并判断：①若松弛问题没有可行解，则原问题也没有可行解；②如果松弛问题的最优解都小于当前原问题最优可行解值，则直接对该节点进行剪枝，不再搜索（表明该节点下的所有候选解空间下都不可能求得比当前最优可行解更好的解）；③如果松弛问题的最优解中所有变量值都满足原问题中优化变量约束，则该解方案就是原问题的最优可行解方案，更新全局上界，并将该节点分支剪枝掉，不再对该节点下的所有分支进行搜索。此外，如果全局上界等于全局下界，表明当前节点就是原问题的最优解，则退出分支定界操作，返回最优可行解。

步骤 3：节点定界。在分支搜索过程中，整个分支搜索树上目标函数值最大的分支节点就是该问题对应的最优解界值。

步骤 4：划分子问题。通过分析问题特性，引入一些前瞻思想的启发式策略，对某一分支过程进行分析，采用分支节点选择策略确定分支节点维度上的搜索空间划分和子问题的生成，并将其放入待分支节点序列。

步骤 5：节点选择。根据对变量重要性的了解，算法中维持了一个待分支的节点序列，从表头提取下一个分支节点。若不满足退出条件则继续执行步骤 2。

3. 分支策略

在分支定界操作的过程中，对于整个搜索树中的每个节点都是求其对应的一个线性规划（linear programming，LP）松弛问题，这就使得获得的松弛最优解中的整数变量是一个分数值，优化得到的松弛解不可行。同时不能确定当前节点的子节点中是否包含潜在的可行解，因此有必要在该节点的基础上对优化变量的解空间按照一定的规则进行进一步的划分，使其变成多个解空间上的子问题，然后求解每个子问题的最优可行解。在划分的过程中，所有的了问题都继承了当前节点上的所有约束，并相应地增加了划分过程中生成的新的约束，且新约束的性能取决于分支策略。

对于一个（混合）整数规划问题，如果当前分支节点的松弛解中不止一个优化维度上的变量是分数，则需要考虑选择其中的某个变量作为下一个分支节点，然后按照一个比较好的分支策略对该变量进行分支，并尽量使基于该节点分支获得的局部下界或者全局上界的增幅效果显著，使得在当前分支节点上求得的最优可行解等于松弛问题的局部下界或者松弛问题的最优下界小于现有的全局下界，从而能够有效地对该节点进行剪枝，并显著地提高分支定界操作的求解效率。

显然，最直接的方法就是计算基于某个变量分支后的子问题的松弛解，再与当前松弛解的局部下界进行比较，但是如果对所有候选分支变量都依次求解分支后子问题的线性松弛，则使得计算复杂度过高。因此，有必要考虑当存在很多个候选分支变量时，如何能够根据每个变量的"重要性"快速地估算目标函数的限界。以下是几种常见的针对候选分支变量进行分支的策略。

（1）完全分支策略。该策略的搜索时间开销较大，因此多应用于维度较小的最优化问题的完全搜索。

（2）伪成本分支策略。该策略多适用于分支操作的后期，在计算代价和算法求解效率上比较均衡。

（3）最不可行优先分支策略。即在分支节点松弛解的所有变量中，选择分数部分最接近中间值的变量进行优先分支选择，可以尽量避免问题陷入局部最优解。

（4）随机分支策略。即随机选择一个候选分支变量进行分支。

4. 分支节点选择策略

在考虑对整个搜索树上的某些节点做出分支决策时，往往存在很多个候选节点的界限优于当前找到的最优可行解的界限，为了提高算法的优化效率，此时需要考虑如何选择下一个分支节点从而在获得更优可行解或更紧缺界限上有一个显著的提高。为高效求得最优可行解，常见节点选择策略主要有以下几种。

1）最优界限优先选择

最优界限优先选择（best-first node selection）是从当前全局最优值节点进行分支。选择整个搜索树上边界函数值最优的节点作为下一个分支节点，是一种优先队列式分支限界法。如果是最小化问题，则下一个分支节点对应边界函数值最小的节点；如果是最大化问题，则下一个分支节点对应边界函数值最大的节点。一个节点的最优松弛解越好，表明当前节点下很可能存在更优的可行解。该选择策略对应的子问题比较少，可以高效求得最优解，但是仍需要消耗较大的存储空间保存多个叶节点的界限值。

2）深度优先选择

深度优先选择（deepth-first node selection）是从最新生成分支的所有子集中选择具有最优限界的节点作为下一个分支节点，是一种优先堆栈式分支限界法。即只要当前分支节点没有被剪枝掉，则表明在当前整个大的分支上可能存在更优的可行解。在迭代过程中，每次分支节点的深度增加一层，如果已经到达叶子节点不能继续划分则返回到上一层节点中继续选择。在求解下一个分支节点的线性松弛问题时，在当前分支的线性松弛问题上多添加一组更紧缺的优化变量约束。该方法可以较早地获得可行解，可以有效地节省搜索空间，但是需要较多的分支运算，耗费时间较多。

3）广度优先选择

广度优先选择（breadth-first node selection）是依次计算整个搜索树同一深度层上的所有节点的界限，只有对当前层上的所有节点计算完界限后，才考虑最新生成的分支下一层上所有子集，是一种队列式先进先出（first-in，first-out，FIFO）分支限界法，在实际应用中多用于求解最短路径问题。

目前很多公开的大规模离散组合优化问题优化器（如 Cplex、Gurobi）在进行分支定界操作过程中，以获得最优解为目标或获得最优紧缺界限为目标，都是采用最优界限优先选择和深度优先选择两种分支节点选择策略实现的。

在此基础上，对于一个特殊的 0-1 整数线性规划问题，采用深度优先节点选择策略，求解过程如下。

优化目标：

$$最小化\ Z = 3x_1 + 5x_2 + 6x_3 + 9x_4 + 10x_3 + 10x_6 \tag{4.1}$$

约束条件：

$$\begin{cases} -2x_1 + 6x_2 - 3x_3 + 4x_4 + 5x_3 - 2x_6 \geqslant 2 & (1) \\ -5x_1 - 3x_2 + x_3 + 3x_4 - 2x_3 + x_6 \geqslant -2 & (2) \\ 5x_1 - x_2 + 4x_3 - 2x_4 + 2x_3 - x_6 \geqslant 3 & (3) \\ x_1, x_2, x_3, x_4, x_5, x_6 \in \{0,1\} \end{cases} \tag{4.2}$$

采用 Balas 算法，所有优化变量的系数按照从小到大有序排列，分支策略是对优化变量 x_1，x_2，x_3，x_4，x_5，x_6 依次分支。若遍历求解时共有 $2^6 = 64$ 种情况。对于整个分支定界树的根节点，目标函数值为 0，不满足约束条件（1）和（3），因此继续对该节点进行扩展，分支定界树的生成过程如图 4-3 所示（其中，inf 表示该节点在当前状态下不满足所有约束条件，当前解不可行；imp 表示在该节点状态下的任何情况都不可行，即需要被剪枝的节点）。

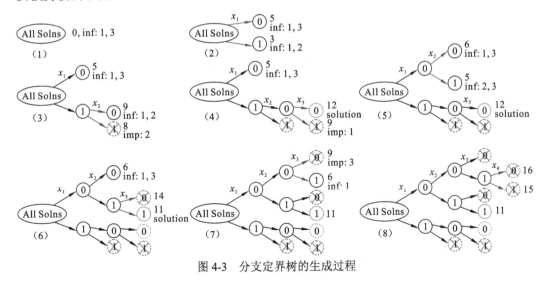

图 4-3　分支定界树的生成过程

第一次分支。若 $x_1 = 1$，则在后续的节点上为 1 的分支节点相对越少，对应的目标下界函数值为 3；若 $x_1 = 0$，则在后续分支节点上至少有一个节点为 1，此时对应的目标下界函数值为 5。在这两种状态下都未找到可行解。

第二次分支。选择目标函数较小的叶节点变量进行分支（最小化问题），此时，当节

点 $x_2=1$，$(1,1,*,*,*,*)$ 下对应的任意状态都是没有可行解的，因此不再对该节点做进一步分支；$x_2=0$ 对应的目标下界函数值为 9，该节点不是可行解，因此继续以该节点为下一个分支节点（若采用最优界限选择策略，下一个分支节点将是 $x_1=0$ 对应的节点）。

第三次分支。同样，当节点 $x_3=1$ 时，$(1,0,1,*,*,*)$ 下对应的任意状态都是没有可行解的，因此不再对该节点做进一步分支；当节点 $x_3=0$ 时，该分支下将存在最优可行解 $(1,0,0,1,*,*)$，目标函数值为 12；记录该节点且不再对该节点做进一步分支。

第四次分支。回溯到节点 $x_1=0$ 的状态 $(10*,*,*,*,*)$，在该分支下可以进一步得到一组可行解目标函数值为 11 的状态 $(0,1,1,*,*,*)$，由于该可行解更优，则将该状态节点作为当前最优可行解全局下界节点，并对该节点进行标记。

依此类推，在继续分支的过程中，如果分支节点下不存在可行解或者节点对应最优下界大于当前最优解下界，则不再对该节点做进一步分支，直到分支结束。当搜索到该问题的全局最优解 $(0,1,1,*,*,*)$ 时，共进行 15 次状态选择判断，搜索复杂度为 $15/64=23.4\%$。

在分支定界的过程中，如果能获得非常"紧缺"的根下界或者尽早获得一个非常好的可行全局上界，则可以大大缩减搜索空间，提高问题求解效率。因此，本书在此基础上引入更多有效的切割不等式。

4.1.3 割平面法

整数规划或者混合整数规划相比一般规划问题多了整数约束，需要将这些整数约束用一系列非常有效的线性约束来无限逼近，从而计算得到原问题的紧缺上界，提高最优可行解的搜索效率。割平面法的基本思想就是在整数规划的松弛问题上引入一系列有效的线性约束条件（称作 Gomory 约束或割平面），使松弛问题的可行域逐步缩小，每次切割都只是割去松弛问题的部分不可行解（即不可行区域），保留所有的整数可行区域，直到切割后生成的可行域中存在整数坐标的点恰好是原整数规划问题的最优可行解。

割平面法的实现过程如下。先不考虑变量的取整约束，用单纯形法求解相应的线性规划。如果所得的最优解为整数解，那么它也是原整数规划问题的最优解；如果最优解不是整数解，割平面法将用一张平面将含有最优解的点但不含任何整数可行解的那一部分可行域切割掉，即在原整数规划基础上增加适当的线性不等式约束（即切割不等式），然后求解这个新的整数规划问题，继续迭代，直至求得最优整数解为止。通过构造一系列平面来切割掉不含有任何整数可行解的部分，最终获得一个具有整数坐标的顶点的可行域，而该顶点恰好是原整数规划的最优解。该方法的核心是将复杂的任务规划问题的数学模型进行线性化，并且针对任务需求特性，构造适合的切割不等式，使增加该约束后能达到真正的切割而且没有切割掉任何可行解，从而有效地提高算法搜索效率。

当问题中优化变量的个数太多时，往往很难生成一些有效的割平面，目前两种典型的割平面生成方法：①根据问题的特性，生成特定类型问题的割平面；②针对任意类型的整数规划问题，生成通用的割平面。常用的割平面法有 Gomory 混合整数割平面法、混合整数舍入法、背包覆盖切割法、流覆盖割平面法、隐式边界割平面法、流路径割平面法、团分割法和分离式割平面法。

图 4-4 和图 4-5 分别是在单约束条件缩放和引入额外不等式约束下在原问题上的切割结果。

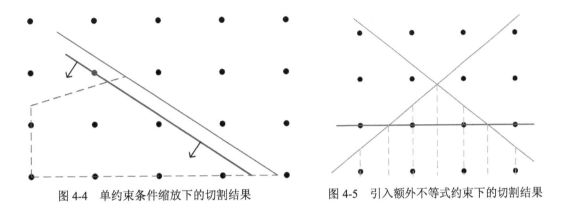

图 4-4　单约束条件缩放下的切割结果　　　　图 4-5　引入额外不等式约束下的切割结果

4.1.4　列生成法

通常情况下，当研究问题的维度较高且规模较大时，不可能用常规方法（如单纯形法）对原问题直接求解。而列生成算法（column generation algorithm）是不断添加求解变量的算法，常常用于使用 set-covering 构建的模型，适用于变量非常多，约束相对较少的情况。列生成算法对应的模型可以表示为

$$\min \ |\boldsymbol{y}|$$
$$\text{s.t.} \ \boldsymbol{A}_i\boldsymbol{y} \geqslant b_i, \quad i=1,2,\cdots,n \tag{4.3}$$

将系数矩阵 $\boldsymbol{A}$ 的第 j 列记作 a_j，$\boldsymbol{y}$ 是一个行向量，$\boldsymbol{y}=[y_1,\cdots,y_m]$。并且有重要的一点：set-covering 的变量 y_j 对应的列 a_j 生成的规则，可以通过线性约束条件 $d\cdot a_j \leqslant e$ 得到。这时就可以用线性规划方法来求解子问题，该算法最早被用来求解块对角状大规模线性规划问题（Gilmore et al.，1961）。该问题的一般表示形式为

$$\min \ C_1X_1 + C_2X_2 + \cdots + C_pX_p$$
$$\text{s.t.} \ \begin{cases} A_1X_1 + A_2X_2 + \cdots + A_pX_p = b_0, \\ B_1X_1 \qquad\qquad\qquad\quad = b_1, \\ \qquad B_2X_2 \qquad\qquad\quad = b_2, \quad X_i \geqslant 0, i=1,\cdots,p \\ \qquad\qquad \ddots \\ \qquad\qquad\qquad\quad B_pX_p = b_p, \end{cases} \tag{4.4}$$

其实现思路和行生成基本相同，通过子问题不断给主问题添加变量进行求解。因为列生成算法求解的是松弛线性规划问题，所以对整数规划模型需要结合分支界限算法进行求解。

在 Dantzig-Wolfe 分解（后文简称 DW 分解）的主问题里，每一列对应一个基可行解，即可行域的顶点；当变量个数很大时，即使约束条件个数较小，总的极点数即主问题列数（变量）也是一个非常巨大的量，处理这类问题，可以使用列生成算法。它只是用主问题列的一些子集所构成的问题，称为受限主问题（restricted master problem，RMP）去求解原问题。事实上，在线性规划的最优解里，非零变量（基变量）的数目永远不会超过约束数目，这样就可以使用较少的列获得原问题的最优解，而其他的列只有当需要的时候才去产生。

假设在求解过程的某一步，一个受限主问题是原问题（主问题）的一个缩小问题，仅包含原问题系数矩阵的部分列（即部分优化变量）。可以利用受限主问题的解信息判断是否已获得原问题的最优解。但假使存在某一列，使 $\delta_j < 0$（最小化问题），则相应列必须被加进受限主问题重新优化。这个过程反复进行直到获得原问题的最优解。可是问题在于原问题的列非常多，不可能用枚举方法找到这样的列，因此需构造一个子问题（subproblem），称为定价问题（pricing problem）来获得这样的列或判断原问题解的最优性。典型的，通过使用这种交互方法，只需有限步迭代即可获得原问题的最优解。

综上，列生成算法一般步骤如下。

步骤 1：用启发式算法（或其他方法）生成初始解，每一个子问题至少生成一个初始解（列）。

步骤 2：解受限主问题，求得单纯形乘子。

步骤 3：解相应价格问题（对偶问题），判断最优性，如果得到最优解，终止；否则，进入步骤 4。

步骤 4：选择具有最小负判别数，生成添加列。

步骤 5：返回步骤 2。

在多星多任务调度规划中，每个任务可以被安排在多个资源的多个时间窗口上，且多个任务可以同时被安排在同一个资源的同一个时间窗口上，尤其是对于敏捷卫星而言，同一个资源在进行多个任务成像的过程中，需要根据观测任务的地理位置实时调整传感器的姿态。针对这一系列复杂的任务间执行操作约束，所生成的约束为复杂的耦合约束，且根据任务分布特征，部分约束具有分块对角结构，其相互独立，可以按照每天、每个卫星或者每个轨道圈次进行划分，分别独立求解。因此，随机期望值模型非常适合采用 DW 分解原理将其重构为一个 set-packing 主问题和多个子问题，每个轨道圈次对应一个子问题，然后采用基于列生成的分支定价算法求解。

采用列生成算法求解 set-packing 主问题的线性松弛问题能够得到一个比原模型的线性松弛更"紧凑"的目标上界。尤其是对于每个轨道圈次存在大量可行观测调度方案的大规模问题，列生成算法能够进行高效求解。本质上，列生成算法是一个不断循环迭代的过程，对于每个轨道圈次，首先生成部分可行观测调度方案，即得到该轨道圈次所有观测调度方案的一个子集，构成一个初始受限主问题。从求解初始受限主问题出发，通过线性规划对偶理论得到对偶变量的取值，将这些对偶变量的值传递给定价子问题，然后求解子问题，判断是否存在减约成本（reduced cost）为正的可行观测调度方案，即能够使期望调度收益增加的观测调度方案。如果存在减约成本为正的观测调度方案，将最大减约成本对应的观测调度方案加入受限主问题，重新求解受限主问题，直到不存在减约成本为正的观测调度方案，表示已求解得到 set-packing 主问题的线性松弛最优解，算法终止。

针对每个轨道圈次 k，生成一个可行观测调度方案的子集 $R'_k \subseteq R_k$，得到初始的受限主问题，其中集合 R'_k 由一个动态规划算法得到。然后，列生成算法的每一次迭代，通过求解受限主问题将得到如下对偶变量的值，并将其传递给定价子问题，求解得到减约成本为正的观测调度方案。

基于受限主问题的对偶变量的值，理论上可以计算出每个轨道圈次上每个观测调度方案对应的减约成本，然后将具有正减约成本的观测调度方案加入受限主问题。但是，每个轨道圈次上可行观测调度方案众多，特别是对于大规模问题，枚举出所有可行观测调度方案时间消耗极大，难以满足实际需求。因此，通常将定价子问题描述为一个优化问题，即搜索具有最大减约成本的观测调度方案。此外，由于模型具有分块对角结构特性，可以对每个轨道圈次对应的子问题分别求解，即独立求解每个轨道圈次上具有最大减约成本的观测调度方案。

将原问题转化为 DW 分解后的线性规划问题后，原问题中约束条件的个数经过 DW 分解后有显著减少。虽然经过分解后变量要比问题多出许多，但用列生成算法来求解这个问题，变量的个数将不再成为困扰。同时，可将原问题中的系数矩阵按照一定规则分解为多组约束条件，使得经过 DW 分解后，列生成算法的子问题为多个独立的线性规划问题，这种多列的线性松弛问题能使用列生成算法进行求解，子问题的求解难度也大大降低。此外，经过 DW 分解后的模型下界与原模型相比要更为收紧，只需进行有限步迭代即可获得原问题松弛模型的最优解，节省了求解松弛模型的时间。整体而言，DW 分解收紧了原问题的下界，而且只需有限步迭代即可获得原问题的最优解。

4.2　点目标调度演化优化

成像卫星调度问题是研究在卫星资源受限的情况下，根据任务的优先等级、资源请求和卫星资源情况，合理安排各个任务的状态，在满足各种资源约束的前提下，如何获得最大的科学价值。该问题是一类复杂的组合优化问题。一般情况下，组合优化问题的求解算法可以分为以下两类。

（1）精确算法。这类算法将对解空间进行完整搜索，可保证找到小规模问题的最优解。

（2）智能优化算法。这类算法放弃了对解空间搜索的完整性，因此不能够保证最终解的最优性。

大多数复杂的组合优化问题都是 NP 难问题，采用精确搜索算法解决大规模组合优化问题时，会表现出计算效率低下和容易陷入局部最优解等诸多不足。因此这类问题多采用启发式算法、遗传算法等智能优化算法进行求解。本书针对上述建立的多目标综合任务调度问题的约束满足模型，最终采用基于成像约束调整的遗传算法对本书所提出的任务规划问题进行求解。

4.2.1 智能优化规划方法

已有的经典优化方法特别是各种确定性优化算法不能有效地求解成像卫星调度问题，并且这些经典的确定性算法用于求解高度复杂、动态、多约束、多目标、大规模的问题时，往往不能满足需求。而复杂巨系统中的优化问题往往都涉及这些特性。比如其中的任务协同规划问题，优化目标随着空间节点和链路动态变化，具有强时效性要求，而且存在多个相互非支配的优化目标需要同时进行优化，是一类具有多峰多谷、多变量、多约束、多目标的复杂最优化问题。

近年来，演化计算（evolutionary computation，EC）等基于种群的高效智能优化方法发展迅速，该方法通过使用计算机模拟大自然的演化过程，特别是生物进化过程，来求解复杂优化问题。人们已经提出了各种不同类型的演化算法（evolutionary algorithm，EA），主要包括遗传算法（genetic algorithm，GA）、演化策略（evolution strategies，ES）、演化规划（evolutionary programming，EP）、遗传程序设计（genetic programming，GP）、差分演化（differential evolution，DE）、文化算法（cultural algorithms，CA）等。这类新的优化方法目前在理论上还远不如传统优化方法完善，因而常常被视为"只是一些启发式方法"。但从观念上看，它们突破了传统优化思想的束缚，例如演化算法模拟生物种群繁殖中的竞争和不以数学上的精确解为目标的思想等，都是观念上的创新，非常有价值。从实际应用的观点来看，这类新方法不要求目标函数和约束的连续性与凸性，甚至连有没有解析表达式都不要求，具有对计算中数据的不确定性也有很强的适应能力，计算速度快，特别适合求解实际工程优化问题等优点，这些优点使这类方法已被广泛地用于求解各类复杂问题。其中，演化多目标优化算法是目前一个主流的方向，能够同时求出一个多目标问题的最优解集，但是如何在多目标优化算法中平衡收敛性和多样性问题，以便给决策者提供更好、更优的解集，仍然有待进一步研究。

复杂巨系统任务规划问题中通常会涉及很多个冲突的目标需要同时优化。多目标优化问题根据目标个数的不同分为 multi-objective 问题和 many-objective 问题。many-objective 问题指目标数量大于 3 的多目标优化问题，复杂巨系统中的多目标优化问题通常是这类问题。随着问题中目标数目的增多，多目标优化问题往往变得难以求解。近年来，利用以演化算法为主的智能算法来解决高维多目标优化问题已得到越来越多研究者的关注。值得注意的是，2015 年，在 *Nature* 上发表的一篇关于演化计算的文章中提到处理高维多目标问题将是一个重要的研究方向。此外，非常流行的基于 Pareto 支配的多目标进化算法，如第二代非支配排序遗传算法、第二代强度 Pareto 演化算法、第二代基于 Pareto 包络的选择算法（pareto envelope-based selection algorithm II，PESA-II）等，虽然在具有两个或三个优化目标的多目标优化问题上显示出了优异的性能，但是它们在高维多目标优化中却遇到了很大的困难。主要原因是当问题的目标数目增多时，种群中非支配解的比例会急剧增大,甚至可能所有解都是非支配的,此时基于 Pareto 支配的选择机制将不能像处理低维目标时施予种群足够的选择压力,那么种群的演化将会减慢,甚至会停滞。

近期,由于研究者的不断努力,高维多目标优化的研究已取得了初步的进展,其中基于参考点的多目标进化算法也许是当前求解高维多目标优化问题的最有前景的一类算法,该类算法利用均匀分布的参考点来指导算法搜索的方向,与分解的方法区别在于是否使用了聚合函数。然而这类算法在方法和应用方面依然存在诸多不足,例如这类算法在求解具体应用问题时,通常不能将多目标搜索与问题相关知识有机地结合起来。

4.2.2　问题描述与分析

对于一个有 m 颗近极地轨道的低轨卫星集合 R 和 n 个成像任务集合 T,在整个仿真周期内,成像侦察卫星调度问题可以描述为在 m 个互不相同的遥感设备安排 n 个观测任务的过程。具体过程如下。

(1)对每个活动 $T_i \in T$,只有资源子集 $R(T_i) \subseteq R$ 可以满足其执行要求,完成该活动需要占用资源 R_k 时是可用的,且 $R_k \in R(T_i)$,占用时长为 TD_i。

(2)活动 T_i 在占用资源 R_k 时具有一组互不相交的时间窗口集约束,该任务只能在其中的一个时间窗口内不间断地执行完成。

(3)如果活动 T_i 和活动 $T_{i'}$ 在执行过程中占用同一个资源 R_k,且活动 T_i 在活动 $T_{i'}$ 之前执行,那么活动 T_i 执行完成后,必须经过一个转换时间 $S_{ii'k}$,活动 $T_{i'}$ 才能开始执行。

(4)因为资源能力及时间的限制,活动集不能全部被安排,所以每个活动 T_i 都有权值 C_i,代表该活动安排时的效益值。

(5)一个活动在执行时只能占用一个资源,只能执行一次,且只能在一个时间窗口内执行。目标函数可以描述为:问题求解应使得调度方案的收益最优,即保证所有被安排的成像任务的权值总和最大。

针对某一场景和一组用户请求,经过调度预处理操作,可生成卫星与目标之间的可见时间窗口约束集,见表 4-1。

表 4-1　星地可见时间窗口集合表示

参数	T_1	⋯	T_n
$\mathrm{tw}_{i,k}^1$	$[\mathrm{ws}_{1,k}^1, \mathrm{we}_{1,k}^1]$		$[\mathrm{ws}_{n,k}^1, \mathrm{we}_{n,k}^1]$
$\mathrm{tw}_{i,k}^2$	$[\mathrm{ws}_{1,k}^2, \mathrm{we}_{1,k}^2]$		$[\mathrm{ws}_{n,k}^2, \mathrm{we}_{n,k}^2]$
⋯	⋯	⋯	⋯
$\mathrm{tw}_{i,k}^j$	$[\mathrm{ws}_{1,k}^j, \mathrm{we}_{1,k}^j]$		$[\mathrm{ws}_{n,k}^j, \mathrm{we}_{n,k}^j]$
⋯	⋯		⋯

表 4-1 中,$\mathrm{tw}_{i,k}^j$ 为任务 T_i 的第 j 个可见时间窗口,且由卫星 R_k 对其进行成像,

$j \in \{1, \cdots, N_{i,k}\}$，$N_{i,k}$ 为在整个仿真周期内所有资源对任务 T_i 的可见时间窗口总数。$\mathrm{ws}_{n,k}^j$ 为第 k 个资源对第 n 个任务的第 j 个可见时间窗口的开始时间；$\mathrm{we}_{n,k}^j$ 为第 k 个资源对第 n 个任务的第 j 个可见时间窗口的结束时间。该时间窗口是星地可见时间窗口，而对于一个具体的任务执行序列结果中，为任务分配的执行时间只是选取该区间内满足成像时长约束的一小部分。该问题的调度方案可描述为

$$RESULT = \begin{cases} \mathrm{rt}_0, [\mathrm{tws}_0, \mathrm{twe}_0] \\ \mathrm{rt}_1, [\mathrm{tws}_1, \mathrm{twe}_1] \\ \quad \cdots \\ \mathrm{rt}_n, [\mathrm{tws}_n, \mathrm{twe}_n] \end{cases} \tag{4.5}$$

其中，$\mathrm{rt}_i \in \mathrm{RT}_i, [\mathrm{tws}, \mathrm{twe}] \subset [\mathrm{ws}_{i, \mathrm{rt}_i}^j, \mathrm{we}_{i, \mathrm{rt}_i}^j]$。

4.2.3 问题求解

针对成像卫星调度这一 NP 完全问题的求解，为提高问题的求解效率，首先可以对该问题进行分类，然后再采用相应的算法进行求解。考虑到通常情况下，当问题求解规模较大时，该问题往往很难得到一组可行解，此时只能通过一些典型的智能算法进行求解。为了提高调度方案可行解的优越性及算法的运行效率，在传统遗传算法基础上加入启发式思想对成像卫星调度问题进行求解。同样，当采用近似算法对问题进行求解后，往往还存在很多未完成的任务，这时可通过再次运用确定性算法，为未完成的任务在剩余的时间窗口内尝试重新选取时间窗口，从而进一步得到问题最优解。

1. 冲突消除

当个体中的多个任务争用资源产生资源冲突时，为了消除资源冲突，通常情况下是采用为其中一个个体的冲突基因位重新随机选择时间窗口，而对于这类资源冲突较大的情况，重新选择的时间窗口往往会引起与其他任务更多的资源冲突情况，因此对发生资源冲突的基因位，选择新的资源和执行时间窗口也是至关重要的。运用启发式的思想，当为个体中两个成像任务 i 和 j 分配的资源和执行时间不满足约束条件时，则需要消除一个任务，为其重新分配资源和执行时间，为了使该优化序列的效益值最大，可通过以下方式选择消除的基因位。

（1）提升冲突基因位的冲突效益值。

（2）减少冲突基因位的可见时间窗口长度和时间窗口的冲突度。

个体编码可表示为

T_1	...	$T_i - R - TW$	...	T_n

例如，在同一资源上执行的任务 T_1, T_i, T_j, T_k，有任务 T_i, T_j, T_k 执行时间窗口相互冲突，如图 4-6 所示。其中，任务 T_i 和 T_k 的冲突度均为 1，而任务 T_j 的冲突度为 2，且该任务的可见时间窗口长度最大，故为任务 T_j 重新选择时间窗口。在重新选择的时间窗口时，

任务 T_j 的第一个时间窗口又可能会引起任务 T_i 和 T_k 的冲突，故为任务 T_j 重新分配的执行时间窗口为第三个可见时间窗口。

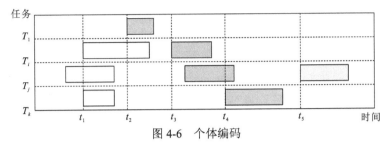

图 4-6　个体编码

2. 效益值的计算

通常情况下，效益值的计算是直接与任务完成个数或个体冲突度相关联的，即令每项任务的效益值为 C_i，任务完成状态为 flag_i，个体中发生冲突的任务个数为 x，则个体的适应度函数可表示为

$$f = \sum_{i=1}^{M} \mathrm{flag}_i \cdot C_i \tag{4.6}$$

$$f = \frac{\sum_{i=1}^{M} C_i}{1+x} \tag{4.7}$$

由式（4.6）和式（4.7）可知，适应度函数值的计算与个体效益值无关，只与完成个数和冲突度相关，即冲突个数相等的两个个体效益值相等，同样对于如下情况计算得到的效益值也是相等的。

假设任务 T_i, T_j, T_k 有相同的效益值，显然，对于图 4-7，在调度方案中只需要消除任务 T_j，就可完成 T_i 和 T_k 两项任务，而对于图 4-8，无论如何消除冲突，调度方案中最终只有一个任务可以被完成。

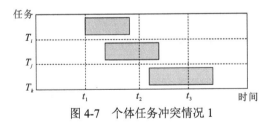

图 4-7　个体任务冲突情况 1

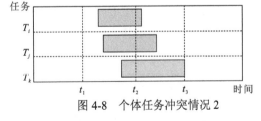

图 4-8　个体任务冲突情况 2

对于上述情况，可以采取一种个体任务冲突度的方式消除冲突。例如，对于图 4-8，任务 T_i, T_j, T_k 的效益值分别为 C_i, C_j, C_k，故任务 T_i, T_j, T_k 的冲突度分别为 V_i, V_j, V_k（$V_i = C_j + C_k, V_j = C_i + C_k, V_k = C_i + C_j$），按任务冲突度降序排序，依次删除任务，直到个体中无任务冲突为止，此时再计算个体中的所有分配时间窗口的任务的效益总和。这样可以更大限度地保留效益值或权重较大的任务，从而更有效地选出效益值较大的个体，生成较优的调度方案。

·54· 　　　　　　　　　　　地质遥感任务规划与调度

4.2.4　算法实现流程

遗传算法的基本实现流程如图 4-9 所示。

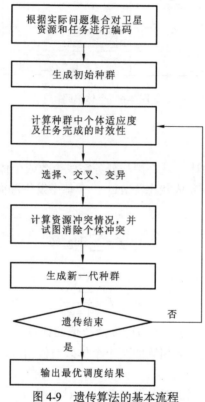

图 4-9　遗传算法的基本流程

1. 编码

从表现型到基因型的映射称为编码。遗传算法在进行搜索之前先将解空间中的基因型结构数据表示成遗传算法空间中的基因型串结构数据，这些串结构数据的不同组合就构成了不同的问题解方案。

2. 生成初始种群

随机产生 N 个初始串结构数据，每个串结构数据称为一个个体，每个个体上的基因位代表一个成像任务，该基因位上包含了该成像任务的名称、状态、为该任务所分配的资源及所对应的成像时间段；将这随机产生的 N 个个体作为初始群体。遗传算法以 N 个个体作为初始点开始迭代，设置进化代数计数器和最大进化代数。

3. 适应度评价

适应度值表明了个体或解的优劣性。不同的优化问题，适应度函数的定义方式不同。

根据具体问题，计算群体中所有个体的适应度方法也不同。在本书中，为每个任务指定一个收益值，个体的适应度即为该个体中所有未发生资源冲突的已分配时间窗口的任务的权值之和，以及虽发生冲突但是该任务在理论上仍然将被分配时间窗口的任务的权值之和。

4. 选择

采用选择算子对当前群体执行选择操作。在本书中，在进行选择操作之前，首先对群体中的所有个体进行消除冲突操作。然后以一定递减的概率选择当前种群所有个体中权值较大的个体作为下一代的新个体，如果权值相等则以任务完成时间为目标选择较优的个体作为下一代的新个体。同时，随着迭代次数的增加，将会有一个较小的概率对当前种群中所有个体按照权值排序，并选择前 N 个权值最大的个体作为下一代种群的新个体。

5. 交叉

采用交叉算子对当前种群执行交叉操作。在本书中，交叉操作的执行是随机选择群体中的两个个体，对这两个个体上随机生成的一个等位基因位进行交叉操作，并将产生的新一代的个体保存在当前群体中。每次执行完交叉操作后，种群的大小由 N 变为 $2N$，以便为下一次的选择提供较好的选择机会，并能够产生较优的个体。

6. 变异

采用变异算子对当前群体执行变异操作。为了不让求得的结果陷入局部最优，在每次迭代过程中对群体中所有个体上的任意一个基因位进行变异操作。群体 $P(t)$ 最终经过选择、交叉、变异运算后得到下一代群体 $P(t+1)$。

7. 终止条件判断

若 $t \leq T$，则 $t=t+1$；继续执行选择、交叉、变异操作；若 $t > T$，则以进化过程中所得到的最优个体（具有最大适应度的个体）作为最优解输出，终止运算。

4.2.5　调度优化

采用近似算法求解该卫星星座调度问题时，对于每次求解生成的调度方案，应针对性地用确定性算法对调度结果进行二次优化。针对某一次的调度结果，主要从任务完成率、资源利用率和时效性三个方面对指定卫星系统的该次调度方案进行评估，对于当前调度结果，如果存在由于资源冲突而未能完成的任务，或者为任务分配的时间段对其要求的时间限有延迟，则通过调度优化操作对任务完成率、资源利用率和时效性三个方面进行优化，从而进一步解决并优化调度结果，使得调度结果更优，且尽量能够满足用户的需求。

（1）对调度结果中的所有已分配时间窗口的任务进行时间优化。找出已分配时间窗口的任务，结合预处理结果，将所有任务的分配时间窗口前移。此外，针对有时间延迟的任务，尝试为其选择更好的执行时间窗口。

（2）为调度方案中因资源冲突未完成的任务重新搜索时间窗口。针对上一步操作，对经过时间优化后的调度结果进行分析，找出所有因资源冲突而未能安排的任务，遍历其所有可见时间窗口，尝试为其重新选择执行时间窗口。

4.3 区域目标调度活动选择

区域目标是一个有范围大小的区域，一般而言，单次覆盖只能覆盖区域的一小部分，对一块覆盖区域，往往需要多个遥感器进行多次覆盖。因此，区域目标调度问题的基本过程与点目标调度的差别是非常大的。

观测活动构造是求解区域调度问题中非常重要的一步，通过观测活动构造，可将卫星和遥感器对地面区域覆盖这个非常复杂的问题转换为一个可解的调度问题。观测活动构造的主要任务是对遥感器覆盖的区域目标进行划分，将遥感器在各种可能的侧摆角下的地面区域目标观测问题转换为优先选择哪几个观测活动的问题。如果没有观测活动构造，直接将某次覆盖遥感器侧摆角度当作参数来进行优化，则该问题仍然可解，但该问题将非常复杂，而且求解效率很低。通过观测活动构造，可大大降低区域目标调度问题的求解域。

4.3.1 区域调度活动选择模型框架

1. 虚拟资源

在调度过程中，由于观测活动众多，在整个调度周期内，遥感器只能选择执行部分活动，很多活动可能不能完成。针对此情况，引入虚拟资源的概念。虚拟资源主要用于"完成"那些没有得到执行机会的活动。它的引入，使那些不能被完成的任务能与被真实资源完成的任务以相同的方式表示，在后续处理过程中可以较方便地对不能完成的任务进行处理。虚拟资源同真实资源有以下区别和共性。

（1）无论是真实资源还是虚拟资源，都是单能力资源，它们都只能在同一时间内完成一个活动，观测活动在其上只能串行地执行，而不可以并行执行。

（2）任意观测活动都只能执行一次。因为虚拟资源并非真正的资源，所以其与真正资源之间有许多差异：虚拟资源不受观测活动时间窗口的约束；被虚拟资源完成的活动，不会对该区域覆盖率的增加有任何收益。

（3）虚拟资源可完成所有类型的活动，不会被任务的种种约束限制。在虚拟资源上执行的活动也与真实资源上一样按照时间顺序进行排列，表示虚拟资源执行该活动的先后顺序，但并不需要为它们分配时间，虚拟资源上的活动需要的仅仅是它们的先后顺序信息。

2. 活动时序图

活动时序图是区域目标调度结果的一种表示形式，该形式可以表示每个遥感器上完成了哪些活动及这些活动完成的先后顺序。实际上，活动时序图主要就是表示在某个遥感器上活动完成的先后顺序。对某个遥感器 s，其在整个调度周期中将完成多个活动，这些活动按照时间顺序组成一个序列，活动时序图即表示该序列。对于任意一个活动 j，总有 $prev_j$ 和 $next_j$ 表示活动 j 的前驱活动和后续活动（即使该活动被虚拟资源完成）。对于两个活动 i 和 j，如果它们占用同一个资源且 j 紧跟 i 之后完成，则 $next_i=j$，$prev_j=i$。如果一个活动 j 是该资源上最后一个活动，则 $next_j=0$，如果活动 j 是该资源上第一个活动，则 $prev_j=0$。

活动时序图是卫星调度问题中一个非常重要的工具，它不仅可用在区域目标调度问题中，在点目标调度中，它也是一个非常重要的工具。活动时序图是一种形式化描述资源上活动运行情况的一个工具，用以表示一个资源上活动的时间先后关系。对于卫星调度问题，有一个时间窗口的概念，同时对于每个活动还有活动持续时间的概念。一般而言，活动持续时间会小于该活动对应的时间窗口，这导致活动在时间窗口内开始执行时刻有比较大的选择机会。如果将活动开始执行时间作为参数来优化，这样会大大增加问题的复杂程度，如果强硬规定每个活动必须尽早完成，这样会使框架的弹性降低，而且不利于框架的扩展。而活动时序图可完美地解决这个问题，它将活动执行的先后顺序与活动具体的执行时间分离，只需得到该资源上活动执行的先后顺序，而最后具体的调度方案，可以通过活动时序图直接得到。同时，活动时序图直观明了。活动时序图的示意图如图 4-10 所示。

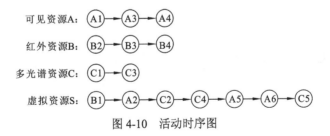

图 4-10　活动时序图

4.3.2　求解框架

通过计算资源对区域目标的时间窗口，然后基于时间窗口对区域目标进行划分，可以将区域目标调度问题转换为一个可解的搜索问题。此外，本小节将详细阐述对区域调度问题如何进行求解，其求解过程如图 4-11 所示。该问题的求解框架，其实本质上与决策空间比较大的普通搜索问题的过程是比较相似的。

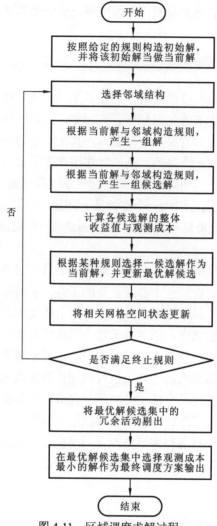

图 4-11　区域调度求解过程

　　由于区域调度问题的复杂性，一般常采用不完全搜索算法来进行求解。区域调度问题的求解框架主要过程可分为初始解构造、局部搜索及后续处理三个阶段。

　　（1）初始解构造是算法的起始阶段，它的主要任务是按照某种规则构造出一个可行解作为搜索的起点。初始解的构造方法有很多，不同的算法需要不同的初始解的构造，有些算法需要一个空的初始解，有些算法需要通过一些初始化规则得到一个性能较差的可行解。初始解的构造是算法的起点。初始解的好与坏有时会极大地影响算法的效率。

　　（2）局部搜索阶段是模型求解的主要和核心阶段，它是一个反复迭代的过程。该阶段的过程是首先根据搜索算法的需求及不同阶段优化目标的不同，选择合适的邻域结构，然后根据邻域结构和当前解生成邻域，按照某种选择策略从邻域中选择出一个解作为当前解并更新最优解候选解，最后将相关的变量进行同步，循环上述过程，直到可以满足某种停止规则为止。

（3）后续处理阶段的主要任务是对最优解候选集中的解进行处理。首先是从最优解候选集中选择一个候选解，将其冗余活动剔除，直到所有的候选解中的冗余活动全部剔除为止。所谓冗余活动是指完成该活动与不完成该活动对区域目标的覆盖率没有任何影响的活动。然后再从最优解候选集中选择一个观测成本最小的解作为最优解。

对于不同的算法，这三个过程差别非常大。以下将对所有算法都会用到的解框架中的相关问题进行描述。

无论是在调度过程中采用何种搜索算法，都需要一个循环迭代的局部搜索过程。在局部搜索中，需要有某种算子可根据当前解找到与当前解对应的一组局部解的集合，也就是当前解的邻域。在本小节中将阐述几种邻域生成算法。

1. Add_toS(Sol)

Add_toS(Sol)邻域构造的基本思路是首先从虚拟资源中选择一个活动，该活动由虚拟资源完成，所以该活动是没有被完成的活动。然后将该活动分配给对应的资源并插入相应的资源序列中，依此方式产生可行解。因为有一个新的活动被完成，所以新可行解的整体收益比当前解一般而言会高，至少不会比当前解的整体收益低，同时新产生的可行解的资源消耗相比当前解会减少。该算子的构造对提高调度方案最大收益值具有重要的意义，通过该算子，可以在条件允许的情况下对区域的单个观测窗口安排多个任务。

该邻域构造的主要步骤如下。首先在虚拟资源中选定要放入真实资源中的活动 j，然后将 j 插入 res_j 的对应的活动时序图中。假设要将 j 插入 res_j 的活动时序图中活动 i 之后，则 res_j 上新的时序关系中 i 的后续活动将变为 j，j 的后续活动变为原先的 i 的后续活动。Add_toS(Sol)邻域构造过程如图 4-12 所示。

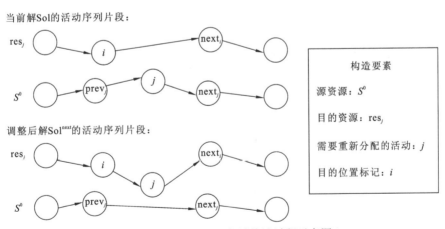

图 4-12　Add-toS(Sol)邻域构造过程示意图

这一过程需要在搜索阶段用该算子产生一系列可行解，利用该算子与当前解 Sol 产生可行解的步骤如下。

步骤 1：从虚拟资源中选择一个当前未被访问过的活动，记为 j。

步骤 2：获取完成该活动的资源 res_j。

步骤 3：找到 res_j 上的活动序列。

步骤 4：遍历资源 res_j 上的活动时序图的所有位置，尝试插入活动 j，得到一个新的解 Sol′。若 Sol′ 为可行解，则将其放入邻域 N(Sol)中；若解 Sol′ 不是可行解，则将其舍弃不保存。

步骤 5：如果没有完成对虚拟资源的遍历，则跳转到步骤 1；否则，算法结束。

在利用该算子产生新的可行解的过程中，虽然要求要遍历资源 res_j 上的所有位置，但在实际操作中却不需要每个活动都尝试。对于一个属于 res_j 上活动 i_α，如果满足条件 $ws_j \geqslant we_{i_\alpha}$，则该活动 j 的任何插入活动 i_α 之前的操作得到的解都是不可行的；同样，若对于一个属于 res_j 上活动 i_β，如果满足条件 $we_j \leqslant ws_{i_\alpha}$，则活动 j 的任何插入活动 i_β 之后的操作得到的解也都是不可行的。

2. Remove_fromS(Sol)

Remove_fromS(Sol)邻域构造的基本思路是首先从当前解中选择一个真实资源，然后从该资源中选择一个活动，并将该活动转移到虚拟资源中，即将该活动占有的资源时间回收。因为取消了资源上该活动的运行，所以该算子产生的新的可行解的整体收益将不会高于当前解的收益，同时新产生解的资源消耗将小于当前解。

在邻域搜索中之所以会构造该算子，一方面是因为当前解的整体收益通过采用 Add_toS(Sol)算子不能增加时需要用该算子来优化资源消耗这一目标，另一方面也是为了防止种群陷入局部最优，可能去掉该活动产生的可行解，并在此基础上进行搜索更容易找到最优解。

该邻域构造的主要过程如下。首先基于当前解 Sol，从 Sol 中选择一个资源被真实资源观测活动，然后将之转移到虚拟资源 S^0 中。Remove_fromS(Sol)和 Add_toS(Sol)恰好是逆过程。首先将资源 j 从 res_j 中移出，同时修改因资源 j 移出而被改变的活动时序图，因为虚拟资源中仅需要表示一个先后顺序即可，所以资源 j 不需要插入虚拟资源 S^0 中间的某个位置，直接放到虚拟资源的尾部即可，Remove_fromS(Sol)的邻域构造过程如图 4-13 所示。

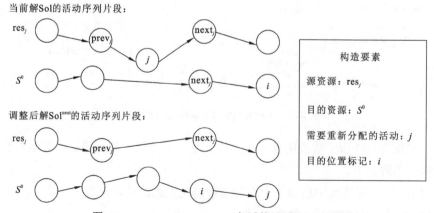

图 4-13　Remove_fromS(Sol)邻域构造过程示意图

在搜索算法中，使用该算子产生一系列可行解的步骤如下。

步骤 1：遍历所有的真实资源，从中找出一个未访问过的资源。

步骤 2：遍历该资源上的所有活动，从中找出一个未访问过的活动，记为 j。

步骤 3：对该活动使用该邻域算子，即将活动 j 从真实资源互动序列中移到虚拟资源中，得到新的可行解 Sol′，然后将该可行解直接放入邻域 N(Sol) 中。

步骤 4：如果完成对该资源上所有活动的遍历，转到步骤 5，否则，转到步骤 3。

步骤 5：如果完成对所有资源的遍历，算法结束，否则跳转到步骤 1。

通过该邻域生成算子得到的解一定是可行解，不需要验证直接放入邻域中即可。

3. Exchange(Sol)

Exchange(Sol) 邻域构造的基本思路是从虚拟资源中找到一个观测活动 j，找到其对应的资源 res_j，然后在 res_j 中选择一个与活动 j 时间窗口有重叠的活动 i，最后交换活动 j 与活动 i 的位置，即将 j 从虚拟资源转移到真实资源中，将活动 i 由真实资源转移到虚拟资源中。该算子的构造对于防止算法陷入局部最优解具有重大的意义，同归该算法，可以得到在该次资源对地面的覆盖时间窗口中选择最大收益的活动。Exchange(Sol) 邻域构造过程如图 4-14 所示。

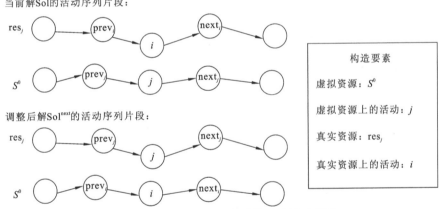

图 4-14　Exchange(Sol) 邻域构造过程示意图

因为 Exchange(Sol) 邻域构造是将一个被真实资源完成的活动转移到虚拟资源，同时将虚拟资源中的一个活动转移到真实资源，所以该算子将无法保证由该算子新产生的可行解的收益值不低于当前解，同时也无法保证新产生的可行解的资源消耗低于当前解。

在进行局部邻域搜索时，由该算子产生一系列可行解的步骤如下。

步骤 1：从虚拟资源中选择一个当前未被访问过的活动，记为 j。

步骤 2：获取完成该活动的资源 res_j。

步骤 3：找到 res_j 上的活动序列。

步骤 4：遍历资源 res_j 上的活动时序图的所有位置，对该活动与活动 j 使用该算子，即将该活动移入虚拟资源，而将活动 j 插入该资源所在的位置，得到一个新的解 Sol′。

若 Sol′为可行解，则将其放入邻域 N(Sol)中；若解 Sol′不是可行解，则将其舍弃不保存。

步骤 5：如果没有完成对虚拟资源的遍历，则跳转到步骤 1，否则，算法结束。

与 Add_toS(Sol)算子产生可行解时一样，在步骤 4 遍历资源上活动时，不需要将所有的活动都尝试一次。对于一个属于 res_j 上活动 i_α，如果满足条件 $ws_j \geqslant we_{i_\alpha}$，则该任务的任何在活动 i_α 之前的交换操作得到的解都是不可行的；同样，若对于一个属于 res_j 上活动 i_β，如果满足条件 $we_j \leqslant ws_{i_\alpha}$，则活动 j 的任何活动 i_β 之后的交换操作得到的解也都是不可行的。

4. Swap(Sol)

Swap(Sol)邻域的构造方法是从当前解中选择一个真实资源 res_j 的活动序列，在该活动序列中寻找相邻的两个活动 i、j，然后交换 i 与 j 在活动序列中的先后位置。该算子主要是针对被同一个时间窗口完成的两个活动或者属于两个不同区域的两个活动时间窗口有重叠的情况。因为该算子只是将两个活动的执行顺序颠倒，所以新产生的可行解与当前解 Sol 无论是整体收益还是资源消耗，都不会有任何改变，但该算子在局部搜索过程中也是非常有必要的。在 4.3.3 小节将阐述前移空余时间和后移空余时间的概念，通过该算子产生的新的可行解，其前移空余时间和后移空余时间都有一定程度的改变，产生的可行解有更大的可能性将新的在虚拟资源中的活动插入。

为何只设计相邻活动的交换，而不设计任意活动之间相互交换？这是因为在一般情况下，一个活动都只有一个时间窗口，活动时序图中的活动是按照时间顺序进行排列的，相邻的活动之间可能有时间窗口的重叠，但非相邻活动之间时间窗口基本上不可能有重叠，同一个资源中任意两个活动相互交换一般是没有意义的，即通过交换之后不能得到可行解，而且如果这样的解可行，也可直接通过多次相邻活动交换而达到这个状态，因此只设计相邻活动之间的交换是合理的。Swap(Sol)邻域构造过程如图 4-15 所示。

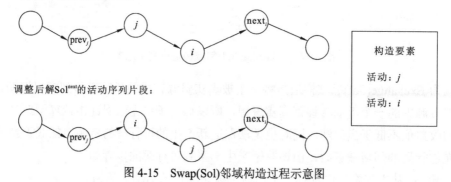

图 4-15　Swap(Sol)邻域构造过程示意图

由该算子产生可行解的步骤如下。

步骤 1：遍历所有的真实资源，从中找到一个未访问过的资源。

步骤 2：遍历该资源上的所有的活动，从中找到一个未访问过的活动，记为 j。

步骤 3：若活动 j 没有后续活动，跳转到步骤 5，否则，将活动 j 与其后续活动进行交换，得到解 Sol'。

步骤 4：若 Sol'为可行解，则将其加入邻域 N(Sol)中；否则，将该解直接舍弃不保存。

步骤 5：若已经完成对当前资源的所有活动的遍历，则跳转到步骤 6；否则，跳转到步骤 2。

步骤 6：若已经完成对所有资源的遍历，算法结束；否则跳转到步骤 1。

4.3.3 资源空闲时间窗口编排

1. 前移空余时间和后移空余时间相关定义

在对调度过程进行建模之前，必须讨论两个重要的概念，后移空余时间和前移空余时间。这两个概念是将调度问题转换为一般搜索问题中非常重要的两个概念。

假设 $(\cdots,i,\cdots j)$ 为某遥感器资源 res 中的活动序列，j 为该活动序列的最后一个活动，即 $\mathrm{next}_j = 0$。则活动 i 的后移空余时间 FT_i 是指在不使从 i 到 j 的违反任何活动的时间窗口约束的情况下活动 i 可后移的最大时间量。假设占用遥感器资源 res 的所有活动都只有一个时间窗口，则活动 i 的后移空余时间的计算式为

$$\mathrm{FT}_i = \min_{i \leqslant \alpha \leqslant j}\{\mathrm{we}_\alpha - [t_i + p_i + \sum_{l=i+1}^{\alpha}(p_l + s_{l-1,l})]\} \tag{4.8}$$

前移空余时间概念与后移空余时间相对应。对于车辆调度或者处理机调度之类的问题，需要尽可能早地完成任务，所有的任务都是以最早可能完成的时间来完成计算，因此这类问题不需要前移空余时间的概念。但对卫星调度问题，并不需要要求每个活动尽可能早地完成，只要活动在该调度周期内完成，早完成与晚完成其收益值与消耗是一样的。基于此考虑，在卫星调度问题中可以考虑前移空余时间的概念。

假设 $(j\cdots,i,\cdots)$ 为某遥感器资源 res 中的活动序列，j 为该活动序列的起始活动，即 $\mathrm{prev}_j = 0$。则活动 i 的前移空余时间 BT_i 是指在不使从 j 到 i 中的违反任何活动的时间窗口约束的情况下活动 i 可前移的最大时间量。对 res 上所有活动都只有一个时间窗口的情况下，活动 i 的后移空余时间计算式为

$$\mathrm{BT}_i = \min_{i \leqslant \alpha \leqslant j}\left\{t_i - \mathrm{ws}_\alpha - \sum_{l=\alpha}^{j-1}(p_l + s_{l,l+1})\right\} \tag{4.9}$$

同时，再引入活动最早可准备就绪时间的概念。活动 i 的最早可准备就绪时间是指完成该活动的资源在完成 i 之前的所有任务后准备就绪的最早时刻。当然最早可准备就绪时间并不是指该时刻资源可以完成该活动，因为要完成该活动还必须受时间窗口的约束。设 $(j\cdots,i,\cdots)$ 为某遥感器资源 res 中的活动序列，j 为该活动序列的起始活动，即 $\mathrm{prev}_j = 0$。则活动 i 的最早可准备就绪时间可表示为

$$r_i = \begin{cases} t_{\mathrm{SpanB}} \\ \max_{j \leqslant \alpha \leqslant i-1}\left\{\mathrm{ws}_\alpha + \sum_{l=\alpha}^{i-2}(p_l + s_{l,l+1})\right\} + p_{i-1} + s_{i-1,i} \end{cases} \tag{4.10}$$

其中，t_{SpanB} 为调度周期开始时刻。

2. 基于前移空余时间与后移空余时间的算子可行性分析

基于前移空余时间和后移空余时间的概念和空余时间窗口的编排规则，接下来将对 4.3.2 小节中论述的几个邻域算子产生的新的解的可行性进行分析。

1）Add_toS(Sol)型算子可行性分析

对于 Add_toS(Sol)型算子，是将一个在虚拟资源中的活动 j 移入真实资源 res_j 中。可以直观地看到，要使 j 可插入 res_j 的活动序列中，需要让在 j 插入位置之前的活动尽量往前移动，j 之后的活动尽量往后移动，看由此腾出的空余时间能不能让活动 j 完成。因此，假设 (i_l, i_{l+1}) 为 res_j 上的一个活动片段，将活动 j 从虚拟资源中移入真实资源 res_j 上且插入 i_l 与 i_{l+1} 之间是可行移动方案的充要条件为

$$\min(\mathrm{we}_j, t_{i_{l+1}} + \mathrm{FT}_{i_{l+1}} - s_{j, i_{l+1}}) - \max(\mathrm{ws}_j, t_{i_l} - \mathrm{BT}_{i_l} + p_{i_l} + S_{i_l, j}) \geqslant p_j \qquad (4.11)$$

其中：$\min(\mathrm{we}_j, t_{i_{l+1}} + \mathrm{FT}_{i_{l+1}} - s_{j, i_{l+1}})$ 为活动 j 的最晚活动结束时间；$\max(\mathrm{ws}_j, t_{i_l} - \mathrm{BT}_{i_l} + p_{i_l} + S_{i_l, j})$ 为活动 j 的最早可开始执行时间。如果二者之间的时间差大于活动 j 的执行时间则新产生的解是可行的。

同时还有以下两种特殊的情况。当活动 j 从虚拟资源中移出，并插入真实资源 res_j 的起始活动 i_α 之前是可行解的充要条件为

$$\min(\mathrm{we}_j, t_{i_\alpha} + \mathrm{FT}_{i_\alpha} - s_{j, i_\alpha}) - \mathrm{ws}_j \geqslant p_j \qquad (4.12)$$

当活动 j 从虚拟资源转移到真实资源 res_j 并插入 res_j 得最后一个活动 i_β 是可行的移动方案的充要条件为

$$\mathrm{we}_j - \max(\mathrm{ws}_j, t_{i_\beta} - \mathrm{BT}_{i_\beta} + p_{i_\beta} + S_{i_\beta, j}) \geqslant p_j \qquad (4.13)$$

2）Remove_fromS(Sol)型算子可行性分析

Remove_fromS(Sol)移动方案是将真实资源中的活动转移到虚拟资源中，真实资源上的其他资源有更宽裕的执行时间，同时虚拟资源上的资源没有执行时间窗口的限制。因此对该方案产生的所有的解均为可行解，无须进行判断。

3）Exchange(Sol)型算子可行性分析

假设 $(i_{\alpha-1}, i_\alpha, i_{\alpha+1})$ 为资源 res 的一个活动片段，$(i_{\beta-1}, i_\beta, i_{\beta+1})$ 为虚拟资源上的一个活动片段，该算子的主要操作是将 i_α 转移到虚拟资源 S^0 中，同时将 i_β 转移到 res 中并插入 $i_{\alpha-1}$ 和 $i_{\alpha+1}$ 之间。如果 i_β 能插入 $i_{\alpha-1}$ 和 $i_{\alpha+1}$ 之间，需要让 $i_{\alpha-1}$ 可执行的时间尽可能早，$i_{\alpha+1}$ 的执行时间尽可能晚，看中间腾出的时间与 i_β 时间窗口的交集能不能让 i_β 活动完成，即

$$\min(\mathrm{we}_{j_\beta}, t_{i_{\alpha+1}} + \mathrm{FT}_{i_{\alpha+1}} - s_{j_\beta, i_{\alpha+1}}) - \max(\mathrm{ws}_{j_\beta}, t_{i_{\alpha-1}} - \mathrm{BT}_{i_{\alpha-1}} + p_{i_{\alpha-1}} + S_{i_{\alpha-1}, j_\beta}) \geqslant p_{j_\beta} \qquad (4.14)$$

如果 i_α 是资源 res_j 的唯一活动，则不用任何计算便可知 i_α 与 i_β 一定可以交换。

假如 $(i_\alpha, i_{\alpha+1})$ 是资源 res_j 上的活动片段且 i_α 是资源 res_j 的起始活动，则 i_α 与 i_β 交换得到可行解的条件为

$$\min(\text{we}_{j_\beta}, t_{i_{\alpha+1}} + \text{FT}_{i_{\alpha+1}} - s_{j_\beta, i_{\alpha+1}}) - \text{ws}_{j_\beta} \geqslant p_{j_\beta} \tag{4.15}$$

假如 $(i_{\alpha-1}, i_\alpha)$ 是资源 res_j 上的活动片段且 i_α 是资源 res_j 的最后一个活动，则 i_α 与 i_β 交换得到可行解的条件为

$$\text{we}_{j_\beta} - \max(\text{ws}_{j_\beta}, t_{i_{\alpha-1}} - \text{BT}_{i_{\alpha-1}} + p_{i_{\alpha-1}} + S_{i_{\alpha-1}, j_\beta}) \geqslant p_{j_\beta} \tag{4.16}$$

4）Swap(Sol)型算子可行性分析

假设 $(i_{\alpha-1}, i_\alpha, i_{\alpha+1}, i_{\alpha+2})$ 是资源 res_j 上的一个活动片段，将活动 i_α 与 $i_{\alpha+1}$ 交换之后得到的解是可行解的条件为

$$\begin{cases} \text{we}_{i_{\alpha+1}} - \max(\text{ws}_{i_{\alpha+1}}, t_{i_{\alpha-1}} - \text{BT}_{i_{\alpha-1}} + p_{i_{\alpha-1}} + S_{i_{\alpha-1}, i_{\alpha+1}}) \geqslant p_{i_{\alpha+1}} \\ \min(\text{we}_{i_\alpha}, t_{i_{\alpha+2}} + \text{FT}_{i_{\alpha+2}} - s_{i_\alpha, i_{\alpha+2}}) - \max(\text{ws}_{i_\alpha}, \max(\text{ws}_{i_{\alpha+1}}, t_{i_{\alpha-1}} - \text{BT}_{i_{\alpha-1}} + p_{i_{\alpha-1}} + S_{i_{\alpha-1}, i_{\alpha+1}}) \\ \quad + p_{i_{\alpha+1}} + S_{i_{\alpha+1}, i_\alpha}) \geqslant p_{i_\alpha} \end{cases} \tag{4.17}$$

4.4　调度方案可行解界限分析

根据计算和分析得到的理论上下界和调度方案，可用于分析调度规划算法的应用能力。当采用任务规划的方法对卫星星座的动态执行能力进行评估时，调度方案也会直接影响评估结果。也可以根据得到的理论上下界结果，选择调度规划算法。

已知卫星资源集合 $S = \{S_1, S_2, \cdots, S_m\}$，任务集合 $T = \{T_1, T_2, \cdots, T_n\}$，$\forall i \in [1, 2, \cdots, m]$，$\forall j, k \in [1, 2, \cdots, n]$。定义：

n_i 为卫星 S_i 上的最大成像任务个数；

m_i 为卫星 S_i 上当前分配的成像任务个数；

$S_i\_\text{duration time}$ 为在整个仿真周期内，卫星 S_i 上对所有任务的可见时间窗口集合的并集的总时长。

Cov_j 为任务 T_j 的约束成像时长。

$\text{Trans}_{j,k}^i$ 为在卫星 S_i 上连续执行的两个任务 T_j 和 T_k 的转换时长。

4.4.1　求解步骤

步骤1：计算场景中每个任务在整个仿真周期内在所有可用资源上的时间窗口集。

步骤2：对于卫星 $S_i, i \in [1, 2, \cdots, m]$，令所有可以在该资源上成像的任务为 $T_j^i, j \in [1, 2, \cdots, n]$，计算 $\{T_j^i, j \in [1, 2, \cdots, n]\}$ 集合中所有任务可见时间窗口集的并集。

步骤3：$\forall i \in [1, 2, \cdots, m]$，计算卫星 S_i 上最大可成像任务个数 n_i 和卫星 S_i 上当前实际成像任务个数 m_i。

步骤4：将 $m_i - n_i$ 的结果按由小到大进行排序。

步骤5：若$m_i \leqslant n_i$，记录在卫星S_i上分配的所有成像任务，去除在其他卫星上也包含了的这些任务，并重新计算这些卫星的$m_i(i=i+1)$，转步骤4。若$m_i > n_i$，则按照某种方式（任务的权重、执行优先等级、任务执行时长或单位时长的权重……）对任务进行排序，删除任务列表中"效益值"最小的任务，转步骤1。当$m_i > n_i$时，另一种操作方式为：如果n_i在此过程中不会随之变化，则可以先排序，然后删除任务列表中"效益值"最小的任务，直至$m_i \leqslant n_i$成立，然后，去除在其他卫星上也包含了的这些任务，并重新计算这些卫星的$m_i(i=i+1)$，转步骤4。

4.4.2 调度方案生成分析

（1）若$n = \sum_{i=1}^{m} m_i$，则表明所有成像任务均可以被执行，且在此情况下可采用确定性算法进行求解（如贪婪算法或动态规划算法），生成调度方案。

（2）在初始状态下，首先计算给定仿真周期内每个时刻点每个资源的任务冲突度，对于没有时间窗口冲突的任务直接安排，并删除对应资源上该任务的执行时间窗口。

（3）该方法适用于求解单星资源争用冲突较大的情况。

4.4.3 调度方案界限计算

已知$\forall i \in [1,2,\cdots,m]$，$\forall j,k \in [1,2,\cdots,n]$，则有

$$\begin{cases} \text{Cov\_max} = \max\{\text{Cov}_j\} \\ \text{Cov\_min} = \min\{\text{Cov}_j\} \\ \text{Trans\_max}_i = \max\{\text{Trans}_{j,k}^i\} \\ \text{Trans\_min}_i = \min\{\text{Trans}_{j,k}^i\} \end{cases} \tag{4.18}$$

1. 上界计算

$$n_i = \left\lceil \frac{S_i\_\text{duration time}}{\text{Cov\_min} + \text{Trans\_min}_i} \right\rceil \tag{4.19}$$

也可先按执行+转换时长对卫星S_i上的任务进行降序排序，在小于$S_i\_$duration time的情况下，计算最大可安排任务个数。

2. 下界计算

$$n_i = \left\lfloor \frac{S_i\_\text{duration time}}{\text{Cov\_max} + \text{Trans\_max}_i} \right\rfloor \tag{4.20}$$

也可先按执行+转换时长对卫星S_i上的任务进行升序排序，在小于$S_i\_$duration time的情况下，计算最大可安排任务个数。

第 5 章   基于冲突分解的数学规划方法

在多敏捷卫星联合调度规划过程中，当资源有限、不能实现大规模复杂任务需求时，有必要研究在满足各项资源约束、任务约束和操作约束的前提下，如何合理地安排大量的观测任务到有限的资源上，从而达到最大化任务执行效益且最小化任务执行代价。军事地质卫星任务规划是一类大规模高维优化问题，且问题中的优化变量同时涉及整数和连续变量，具有搜索空间随问题规模指数增长等特点。

本章旨在通过对所有操作约束进行线性化描述，构建混合整数线性规划（mixed integer linear programming，MILP）模型，在原有模型基础上，研究任务观测时长和任务间转换时长约束下，资源中每一段连续有效区间上最大可被安排的任务个数，提出并设计资源争用冲突指标约束，构造更加严格的切割不等式，进而有效地提供调度方案的根上界和紧缺上界，大大缩减问题的搜索空间，提高算法的求解效率。在此基础上定义并分析各个资源上每个可见时间窗口的空闲度、选择该时间窗口作为观测窗口时该任务对其他任务的冲突度和其他任务的可见时间窗口对该任务的冲突度等指标。考虑到有效资源在整个仿真周期上的稀疏性，研究在线性化描述调度规划过程中各项复杂的操作约束时，如何引入尽可能少的布尔变量和不引入 Big-M 去高效地线性化表达相同的操作约束，提出高效的混合整数线性规划模型，进而提高问题最优解的生成和问题求解效率。

5.1   混合整数线性规划模型构建

在调度过程中，可以将卫星需要完成的观测需求看作待完成的活动，每个观测需求只能由满足其观测要求的遥感器集合中的一个遥感器不中断地完成，且必须满足可视时间窗口等各项操作约束（陈晓宇 等，2019）。由于两次连续观测任务的资源姿态各不相同，所以遥感器在执行观测任务时需要一定的调整时间以对准观测目标。基于星地覆盖计算能力进行预处理操作的问题，可以被描述为一组已知可用资源集合 R、观测任务集合 M、可分配（成像）时间窗口集合 TW 的数据，满足复杂成像约束下的大规模组合优化问题，而不需要考虑具体的卫星、传感器、任务等场景对象信息。基于以上模型假设，为形式化描述该问题，本节首先引入一些必要的定义和符号变量，并给出多星调度规划模型。

定义 5.1：资源可用时间段。在同一个资源上，对所有可分配到该资源上的任务的可见时间窗口做交并操作，将生成的连续的时间区间称作资源的一个可用时间段。

定义 5.2：冲突度。冲突度是可以同时被分配到资源某个可用时间子区间上的任务个数，用于反映任务对资源上同一时间片的争用程度。

5.1.1 符号描述

（1）调度周期。任务被规划的仿真时间段 $[S_{\text{Beg}}, S_{\text{End}}]$。

观测任务集合 $M = \{M_1, M_2, \cdots, M_n\}$。每个任务对应一个带约束的点目标，任务最小执行时长为 D_i，需要在 $[E_i, L_i]$ 时间段内被连续观测，同时每个任务都对应一个执行收益值 w_i。

资源集合 $R = \{R_1, R_2, \cdots, R_m\}$。仿真周期内，每个资源都有一个最大观测时长 A_j。

可分配（成像）时间窗口集合 $\text{TW} = \{\text{tw}_{i,j}^1, \cdots, \text{tw}_{i,j}^{N_{i,j}}\}$，每个可视窗口 $\text{tw}_{i,j}^k$ 都有一个最早开始时间 $\text{Beg}_{i,j}^k$ 和最晚结束时间 $\text{End}_{i,j}^k$，表示仿真周期内所有可用资源 R_j 可被分配到任务 M_i 上的可分配时间窗口集合。通过计算每个资源上的可视时间窗口的交集，可以计算得到相应资源在仿真周期内可用时间区间集合 $\text{RTW}_j = \{\text{rtw}_j^1, \cdots, \text{rtw}_j^{N_j}\}$。很明显，对于所有的 $\text{tw}_{i,j}^k$，如果 $M_i \in M(R_j)$，都有 $\text{tw}_{i,j}^k \subset \text{RTW}_j$。

对于任意的任务 $M_i \in M$，$R(M_i)$ 表示所有可以被安排在 M_i 上的资源集合。对于任意的资源 $R_j \in R$，$M(R_j)$ 表示可以被资源 R_j 执行的任务集合。

（2）任务间最小转换时长。在观测阶段，敏捷卫星需要调整到合适的姿态（指定一个侧摆角和方位角）将资源指向被观测目标，因此，对于任意两个连续被安排执行的任务，都存在一个相应的转换时长允许资源姿态调整以进行下一项观测。图 5-1 表示当任务被安排在资源上观测时，资源的侧摆角和方位角的变化规律。

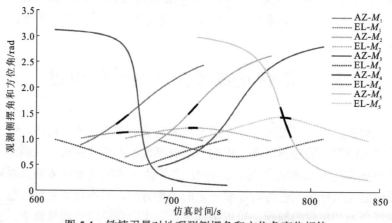

图 5-1　敏捷卫星对地观测侧摆角和方位角变化规律

图 5-1 中，$\text{EL-}M_i$ 和 $\text{AZ-}M_i$ 分别表示任务 M_i 被分配在资源 R_j 上的 t_i 时刻执行时的侧摆角和方位角分别为 α_{i,j,t_i} 和 β_{i,j,t_i}。敏捷卫星 R_j 在观测任务 M_i 的实际过程中，在整个星地可见时间窗口内，资源的侧摆角 α_{i,j,t_i} 和方位角 β_{i,j,t_i} 是随着时间动态变化的，其观测时的侧摆角和方位角是随着调度方案中为任务分配的观测时间 t_i 动态变化的。因为任务在任意资源上的不同观测时间窗口选择直接决定了该资源完成该任务的载荷姿态（传感器指向任务的侧摆角和方位角），所以调度方案中的任意资源上的任意两个连续观测任务间的转换时长都被表示成随观测时间窗口参数变化的时变函数。将资源 R_j 上两个连续被

执行的任务 M_i 和 $M_{i'}$ 间的最小转换时长表示为

$$\mu_{i,t_i,i',t_{i'}}^{j} = \frac{\left| \alpha_{i',j,t_{i'}} - \alpha_{i,j,t_i} \right|}{\theta_j} + \frac{\left| \beta_{i',j,t_{i'}} - \beta_{i,j,t_i} \right|}{\phi_j} + \delta_j \tag{5.1}$$

其中：θ_j 和 ϕ_j 分别表示资源 R_j 的侧摆角速率和旋转角速率；δ_j 表示资源的稳定时长。并且有 $\alpha_{i,j,t} \in [-\alpha_j, \alpha_j]$ 和 $\beta_{i,j,t} \in [0, 2\pi]$，此时，任意资源 R_j 上连续两个任务间的最大转换时长为

$$\Delta_{i,i'}^{j} = \frac{2\alpha_j}{\theta_j} + \frac{\pi}{\phi_j} + \delta_j \tag{5.2}$$

5.1.2　优化变量

（1）将任务 M_i 在资源 R_j 上的第 k 个可见时间窗口上的被执行状态记为布尔变量 $x_{i,j}^k$，$x_{i,j}^k = 1$ 表示任务被分配在可见时间窗口 $\text{tw}_{i,j}^k$ 上。

（2）将任务 M_i 的开始观测时间记为 t_i，如果任务不被分配资源，则该变量无意义。

5.1.3　优化目标

（1）最大化任务完成总个数，即

$$\max \sum_{M_i \in M} \sum_{R_j \in R} \sum_{k \in \{1,2,\cdots,N_{i,j}\}} x_{i,j}^k \tag{5.3}$$

（2）最大化任务执行总效益，即

$$\max \sum_{M_i \in M} \sum_{R_j \in R} \sum_{k \in \{1,2,\cdots,N_{i,j}\}} w_i \cdot x_{i,j}^k \tag{5.4}$$

5.1.4　约束条件

1. 任务执行一次约束

每个任务 M_i 最多只被执行一次，或即使被执行多次也只计算一次的收益，即

$$\sum_{R_j \in R(M_i)} \sum_{k \in \{1,2,\cdots,N_{i,j}\}} x_{i,j}^k \leqslant 1 \tag{5.5}$$

2. 资源最大使用时长

资源最大使用时长约束用于表示在一个轨道周期或给定时长内的总侧摆次数和开机工作时长不能超过其允许的上限范围，即

$$\sum_{R_j \in R(M_i)} \sum_{k \in \{1,2,\cdots,N_{i,j}\}} D_i \cdot x_{i,j}^k \leqslant A_j \tag{5.6}$$

3. 任务执行开始时间约束

每个任务都需要被分配到其所属规划时间区间内，即

$$S_{\text{Beg}} \leq t_i \leq S_{\text{End}} - D_i \tag{5.7}$$

该条件多用于表示周期性覆盖或者受光照等约束的应急任务或通信任务中。

4. 观测时长约束

为每个任务分配的观测窗口需要满足成像资源的可用性约束和任务的观测时长约束。在调度过程中，如果为任务 M_i 分配了资源 R_j 及相应的可见时间窗口 $\text{tw}_{i,j}^k$，则该任务的观测时间段必须完全落在分配的可见时间窗口内。对于任意的 $M_i \in M$，以及任意的 $R_j \in R(M_i)$，$k \in \{1, 2, \cdots, N_{i,j}\}$，该约束可被表示为

$$\begin{cases} t_i - \text{Beg}_{ij}^k \cdot x_{ij}^k \geq 0 \\ t_i - (\text{End}_{ij}^k - D_i) \cdot x_{ij}^k - U \cdot (1 - x_{ij}^k) \leq 0 \end{cases} \tag{5.8}$$

由于在整个仿真周期内，每个任务都可能在多个资源的多个时间窗口上存在时间窗口，为了消除多个候选时间窗口在同时被考虑选择时的约束条件冲突，引入了 Big-U，其功能等同于 Big-M，且该值取决于调度周期大小。

5. 最小转换时长约束

如上述分析可知，卫星在执行任务的过程中，星载传感器的侧摆角和旋转角是随着不同开始执行时间变化的，因此安排在同一资源上相邻的两个任务，需要考虑任务间的最小转换时长，从而使卫星或者星载传感器调整到正确的姿态，如图 5-1 所示。

对于任意的 $R_j \in R$ 和分配在该资源上的任意两个连续观测任务序列 $M_i, M_{i'} \in M(R_j)$，同时考虑两个任务的不同执行先后顺序，可以引入表达式 $t_i \geq t_{i'} + D_{i'} + \Delta_{i,i'}^j$ 或 $t_{i'} \geq t_i + D_i + \Delta_{i',i}^j$ 表示两个任务的执行时间序列约束。由于只有一个条件需要被满足，为了消除表达式中的条件"或"，本书引入两个 0-1 变量 $f_{i,i'}^j$ 和 $f_{i',i}^j$，且 $f_{i,i'}^j + f_{i',i}^j = \sum_k x_{i,j}^k \cdot \sum_{k'} x_{i',j}^{k'}$，该约束可以被表示为

$$\begin{cases} t_i - t_{i'} \geq (D_{i'} + \Delta_{i,i'}^j) \cdot f_{i,i'}^j - (U - D_{i'}) \cdot (1 - f_{i,i'}^j) \\ t_{i'} - t_i \geq (D_i + \Delta_{i',i}^j) \cdot f_{i',i}^j - (U - D_i) \cdot (1 - f_{i',i}^j) \end{cases} \tag{5.9}$$

该条件中同样需要引入 Big-U，使得在同一资源上的多个候选窗口同时被考虑到约束条件中时，两个被执行任务的执行先后序列都能够被同时确定，而不引起观测时间的冲突。变量 $f_{i,i'}^j = 1$ 表明任务 M_i 和 $M_{i'}$ 同时被安排且任务 M_i 晚于 $M_{i'}$ 执行，变量 $f_{i',i}^j = 1$ 表明任务 M_i 和 $M_{i'}$ 同时被安排且任务 $M_{i'}$ 晚于 M_i 执行；否则，$f_{i,i'}^j = 0$，$f_{i',i}^j = 0$。且引入的 0-1 变量同时还需要满足下述条件：

$$\begin{cases} f_{i,i'}^j + f_{i',i}^j \leq \sum_{k \in \{1, \cdots, N_{ij}\}} x_{ij}^k \\ f_{i,i'}^j + f_{i',i}^j \leq \sum_{k' \in \{1, \cdots, N_{i'j}\}} x_{i'j}^{k'} \\ f_{i,i'}^j + f_{i',i}^j \geq \sum_{k \in \{1, \cdots, N_{ij}\}} x_{ij}^k + \sum_{k' \in \{1, \cdots, N_{i'j}\}} x_{i'j}^{k'} \end{cases} \tag{5.10}$$

并且，因为在整个仿真周期内每个任务最多考虑被执行一次，引入的变量 $f_{i,i'}^j$ 和 $f_{i',i}^j$ 还需要满足条件：

$$\sum_{R_j \in R(M_i) \cap R(M_{i'})} (f_{i,i'}^j + f_{i',i}^j) \leq 1 \qquad (5.11)$$

6. 资源可用性约束

当需要被规划的任务间资源争用冲突度较小时，该问题往往很容易采用一些确定性算法被快速执行。当任务间的资源争用冲突较大时，为了提高算法求解效率，本书采用切平面技术，引入更多更加紧缺有效的约束边界，从而缩减问题的优化空间。根据资源的可用性和任务的分布特性（均匀分布、集中分布或随机分布），本书在调度预处理阶段优先安排了没有资源争用冲突的可见时间窗口到任务上，因此在该模型中所有任务对应的剩余时间窗口必然相互重叠，即任务执行中对资源是高度争用冲突的。该约束反映了所有任务在整个仿真规划周期内的可视时间窗口分布情况，在实现过程中，通过将所有可视窗口投影到对应的可用资源上后，就可以获取每个资源上可用时间段区间集合，如图 5-2 所示。

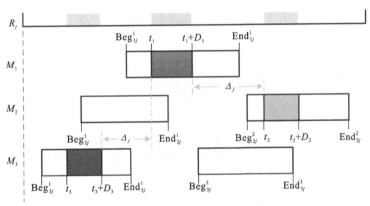

图 5-2　任务观测时间窗口分布

在生成整个仿真周期上一系列离散的资源可用时间段后，可以进一步计算所有资源可用时间段上每个小时间片的资源争用度（每个小时间片的划分是通过任务可见时间段的相交生成的，如图 5-3 所示）。局部放大一小段仿真时间段上的资源可用时间段分布，图 5-4 反映了资源可用时间段上每个小时间片的任务冲突度的分布，该值代表有多少个潜在的任务可以被同时安排在每个小的时间片上，不同灰度代表不同程度的冲突度。

对于资源 R_j 上的某个可用时间段 rtw_j^k，本书同样为该可用时间段定义了有效时间子区间集合 $\{\mathrm{srtw}_j^{k,l}\}$，$\{\mathrm{srtw}_j^{k,l}\} \in \{\mathrm{rtw}_j^k\}$，$l \in \{1, 2, \cdots, N_j^k\}$。每个有效子区间都是原可用时间段上的一个连续子集，并且能够分配到该子区间上的任务个数必然大于该子区间上的最大任务负载能力。本书进而计算了考虑相邻任务间转换时长约束下的每个有效子区间上的任务最大完成个数，将其定义为 $\mathrm{srn}_j^{k,l}$。除此之外，本书进一步考虑了该有效子区间上每个候选任务执行时长约束下的每个有效子区间上的任务最大分配能力，可将其表示为

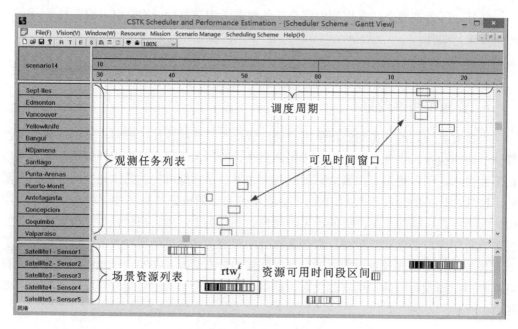

图 5-3　所有任务在整个仿真周期上的可见时间窗口分布

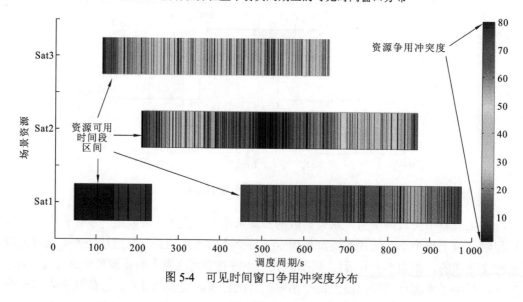

图 5-4　可见时间窗口争用冲突度分布

$$\begin{cases} \displaystyle\sum_{M_i \in M(R_j)} \sum_{k' \in \{1,\cdots,N_{ij}\}} x_{ij}^{k'} \leqslant \mathrm{srn}_j^{k,l} \\ \displaystyle\sum_{M_i \in M(R_j)} \sum_{k' \in \{1,\cdots,N_{ij}\}} (D_i + \Delta_j) \cdot x_{ij}^{k'} \leqslant |\mathrm{srtw}_j^{k,l}| + \Delta_j \end{cases} \tag{5.12}$$

其中，$\mathrm{tw}_{ij}^{k'} \subset \mathrm{srtw}_j^{k,l}$。资源上可用时间区间段 $\mathrm{srtw}_j^{k,l}$ 是指任意满足任务不能在该时间段上被全部分配的有效时间区间。对于每个资源，按照可用时间段的时间先后顺序，以及每个可用时间段上的有效子区间 $\mathrm{srtw}_j^{k,l}$，生成每个子区间上最大可分配任务个数 $\mathrm{srn}_j^{k,l}$。

7. 优化变量取值约束

对于任意的 $M_i \in M$，资源 $R_j \in R(M_i)$ 和所有的 $k \in \{1, 2, \cdots, N_{i,j}\}$，优化变量取值约束可表示为

$$x_{i,j}^k \in \{0, 1\} \tag{5.13}$$

5.2 资源有效子区间生成

由于每个可用时间区间 $\mathrm{srtw}_j^{k,l}$ 上的可分配候选任务的信息是可以获取的，此外在考虑任务间的转换时长约束下，依次安排执行时长约束最小的任务到该时间区间上，直到超出该资源可用时间区间的上限，就可以求得最大的任务被执行个数 $\mathrm{srn}_j^{k,l}$。如果所有任务具有相同的执行市场约束 D_i，则最大任务执行个数可以通过下述公式计算：

$$\mathrm{srn}_j^{k,l} = \left\lfloor \frac{\left| \mathrm{srtw}_j^{k,l} \right| + \Delta_j}{D + \Delta_j} \right\rfloor \tag{5.14}$$

资源上每个可用时间段的所有有效子区间的生成过程如图 5-5 所示。

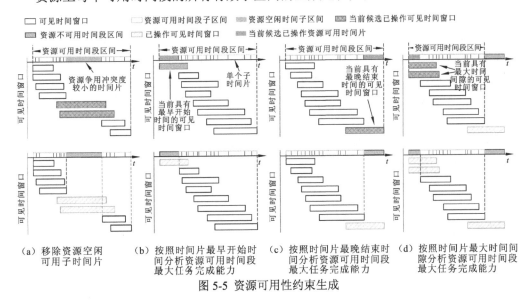

图 5-5 资源可用性约束生成

（1）在已知每个子区间段上最大任务被执行个数 $\mathrm{srn}_j^{k,l}$ 的计算基础上，移除该可用时间段上所有资源争用度小于最大任务分配能力的时间片子区间段，如图 5-5（a）所示（其中，假设橘红色区间段所在的可见时间窗口子区间段上的最大任务分配能力大于 2，则移除这两个可见时间窗口，只考虑剩余时间段上的任务分配能力）。采用确定性算法直接将相关的候选任务分配到对应的时间片子区间段上。在此基础上，将这些已经分配的任务和每个任务对应的所有资源可见时间窗口从当前场景中删除。该操作同样可以有效地降低问题的求解规模，进而使得所构建的模型更加精确、简捷。

（2）在剩余的可见时间区间段上，分别根据可用时间段的最早开始时间［图 5-5（b）］、最晚结束时间［图 5-5（c）］和具有最大时间段间隙的一端［图 5-5（d）］移除一个小的时间片，进而去分析剩余时间区间段上的任务分配能力，并对所有资源上的有效子区间生成其相应的切割不等式。

上述所有资源上的有效子区间的生成和最大任务执行个数的计算都是在调度预处理阶段完成，计算结果直接作为模型约束条件的数据输入。通过计算任务观测时长和任务间转换时长约束下资源中每一段连续有效区间上最大可被安排的任务个数，能够分析得到资源的最大任务完成能力上限。通过和原有的一些模型相比较，该约束可以有效地提供任务调度方案的紧缺上界，进而提高算法求解效率。该约束特别适用于大规模组合优化问题中任务对资源争用度较强的情况。

5.3   改进的混合整数线性规划模型

对于场景中的每个任务，考虑在整个仿真周期内，任务在多个时间窗口上拥有多个可见时间窗口，然而可能为其分配的执行时间段仅仅是其中某个可见时间窗口的一小部分。为了消除在多个时间窗口上的选择冲突并线性化描述任务执行时间窗口约束，引入的 Big-U 会使得在不选择某个可见时间窗口时，实数变量 t_i 的取值在整个仿真周期内对其他所有的相关约束都是有效的，即 t_i 的取值约束范围太大，不能给出一个紧缺的取值区间和约束表达，进而降低模型求解效率。

此外，图 5-6 给出了某个场景下，仿真周期内所有资源可用时间区间的分布，横轴代表时间，纵轴对应不同的资源。显然，资源的可分配时间段在一个较大的仿真周期内是高度离散的，因此在线性化模型表达中，一个更加紧缺的指定的 Big-U 取值约束往往是非常重要的，甚至可以尽量不去引入 Big-U 。

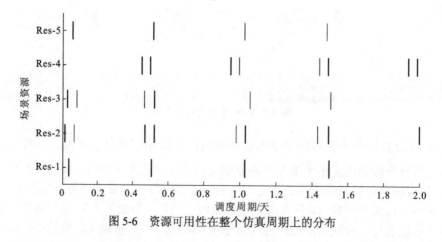

图 5-6   资源可用性在整个仿真周期上的分布

重新定义执行时间的优化变量 t_i ，使每个布尔变量 $x_{i,j}^k$ 都对应一个连续变量 $t_{i,j}^k$ ，表

示当 $\mathrm{tw}_{i,j}^k$ 被选择时，为任务 M_i 分配的执行时间。但是，对于每个任务，约束条件（5.15）指出最多只有一个 $t_{i,j}^k$ 是有效地给出任务执行时间，改进的约束表达如下。

（1）任务可行开始执行时间约束。对于任意任务 $M_i \in M$，有

$$
\begin{cases}
t_{ij}^k \geqslant S_{\mathrm{Beg}} \\
t_{ij}^k \leqslant S_{\mathrm{End}} - D_i
\end{cases}
\tag{5.15}
$$

（2）观测时间窗口。如果为任务 M_i 选择安排资源 R_j 上的时间窗口 $\mathrm{tw}_{i,j}^k$，则任务执行操作必须完全在该时间段内被完成。因此，对于任意的 $M_i \in M$，资源 $R_j \in R(M_i)$，$k \in \{1,2,\cdots,N_{i,j}\}$，有

$$
\begin{cases}
t_{i,j}^k - \mathrm{Beg}_{i,j}^k \cdot x_{i,j}^k \geqslant 0 \\
t_{i,j}^k - (\mathrm{End}_{i,j}^k - D_i) \cdot x_{i,j}^k \leqslant 0
\end{cases}
\tag{5.16}
$$

（3）任务间转换时长。对于任意的资源 $R_j \in R$ 及其上的任意两个连续候选观测任务对 $M_i, M_{i'} \in M(R_j)$，如果这两个任务都被安排执行，即当 $x_{i,j}^k = 1$ 且 $x_{i',j}^{k'} = 1$ 时，本书可以给出一个更加紧缺的任务执行开始时间约束，表示为

$$
\begin{cases}
\text{either } (D_{i'} + \Delta_{i',i}^j) \leqslant t_{i,j}^k - t_{i',j}^{k'} \leqslant \mathrm{End}_{i,j}^k - D_i - \mathrm{Beg}_{i',j}^{k'} \\
\text{or } (D_i + \Delta_{i,i'}^j) \leqslant t_{i',j}^{k'} - t_{i,j}^k \leqslant \mathrm{End}_{i',j}^{k'} - D_{i'} - \mathrm{Beg}_{i,j}^k
\end{cases}
\tag{5.17}
$$

① 如果两个候选可见时间窗口 $\mathrm{tw}_{i,j}^k$ 和 $\mathrm{tw}_{i',j}^{k'}$ 必然不会相交，且任务 M_i 的最晚结束时间和任务 $M_{i'}$ 的最早开始执行时间的间隔大于等于最大转换时长 $\Delta_{i',i}^j$，即 $\mathrm{Beg}_{i',j}^{k'} - \mathrm{End}_{i,j}^k \geqslant \Delta_{i',i}^j$，则该条件约束可以被转化为

$$
t_{i',j}^{k'} - t_{i,j}^k \geqslant (D_i + \Delta_{i,i'}^j) \cdot x_{i,j}^k - (\mathrm{End}_{i,j}^k + \Delta_{i,i'}^j) \cdot (1 - x_{i,j}^{k'})
\tag{5.18}
$$

② 如果两个候选可见时间窗口 $\mathrm{tw}_{i,j}^k$ 和 $\mathrm{tw}_{i',j}^{k'}$ 必然不会相交，且任务 $M_{i'}$ 的最晚结束时间和任务 M_i 的最早开始执行时间的间隔大于等于最大转换时长 $\Delta_{i',i}^j$，即 $\mathrm{Beg}_{i,j}^k - \mathrm{End}_{i',j}^{k'} \geqslant \Delta_{i',i}^j$，则该条件约束可以被转化为

$$
t_{i,j}^k - t_{i',j}^{k'} \geqslant (D_{i'} + \Delta_{i',i}^j) \cdot x_{i',j}^{k'} - (\mathrm{End}_{i',j}^{k'} + \Delta_{i',i}^j) \cdot (1 - x_{i,j}^k)
\tag{5.19}
$$

任务 M_i 和 $M_{i'}$ 任意执行状态组合条件下，即 $x_{i,j}^k, x_{i',j}^{k'} \in \{0,1\}$，约束条件（5.17）和（5.18）都成立。

③ 当两个候选时间窗口 $\mathrm{tw}_{i,j}^k$ 和 $\mathrm{tw}_{i',j}^{k'}$ 相交时，本书引入两个额外的布尔变量 $f_{jii'}^{k,k'}$ 和 $f_{ji'i}^{k'k}$ 分别到式（5.17）的两个不等式约束中消除不确定性条件 "either···or···"。在该条件下，式（5.17）可以被表示为

$$
\begin{cases}
t_{i,j}^k - t_{i',j}^{k'} \leqslant (D_{i'} + \Delta_{i,i'}^j) \cdot f_{ji'i}^{k',k} - (\mathrm{End}_{i',j}^{k'} - D_{i'} - \mathrm{Beg}_{i,j}^k \cdot f_{jii'}^{k,k'}) \cdot (1 - f_{ji'i}^{k',k}) \\
t_{i',j}^{k'} - t_{i,j}^k \leqslant (D_i + \Delta_{i,i'}^j) \cdot f_{jii'}^{k,k'} - (\mathrm{End}_{i,j}^k - D_i - \mathrm{Beg}_{i',j}^{k'} \cdot f_{ji'i}^{k,k}) \cdot (1 - f_{jii'}^{k,k'})
\end{cases}
\tag{5.20}
$$

即

$$
\begin{cases}
t_{i,j}^k - t_{i',j}^{k'} \leqslant (\mathrm{End}_{i',j}^{k'} + \Delta_{i,i'}^j) \cdot f_{ji'i}^{k',k} + \mathrm{Beg}_{i,j}^k \cdot f_{jii'}^{k,k'} - (\mathrm{End}_{i',j}^{k'} - D_{i'}) \\
t_{i',j}^{k'} - t_{i,j}^k \leqslant (\mathrm{End}_{i,j}^k + \Delta_{i',i}^j) \cdot f_{jii'}^{k,k'} + \mathrm{Beg}_{i',j}^{k'} \cdot f_{ji'i}^{k',k} - (\mathrm{End}_{i,j}^k - D_i)
\end{cases}
\tag{5.21}
$$

其中，$f_{jii'}^{k,k'} + f_{ji'i}^{k',k} = x_{i,j}^k \cdot x_{i',j}^{k'}$。$f_{jii'}^{k,k'} = 1$ 表示任务 M_i 和 $M_{i'}$ 同时被安排且任务 M_i 晚于 $M_{i'}$ 执行，$f_{ji'i}^{k',k} = 1$ 表示任务 M_i 和 $M_{i'}$ 同时被安排且任务 $M_{i'}$ 晚于 M_i 执行，否则 $f_{jii'}^{k,k'} = 0$，$f_{ji'i}^{k',k} = 0$。引入的布尔变量可以被线性化表示为

$$\begin{cases} f_{jii'}^{k,k'} + f_{ji'i}^{k',k} \leqslant x_{i,j}^k \\ f_{jii'}^{k,k'} + f_{ji'i}^{k',k} \leqslant x_{i',j}^{k'} \\ f_{jii'}^{k,k'} + f_{ji'i}^{k',k} \geqslant x_{i,j}^k + x_{i',j}^{k'} - 1 \end{cases} \tag{5.22}$$

与此同时，在整个仿真周期内，每个任务最多被安排执行一次，因此有

$$\sum_{R_j \in R(M_i) \cap R(M_{i'})} \sum_{k \in \{1,\cdots,N_{ij}\}} \sum_{k' \in \{1,\cdots,N_{i'j}\}} f_{jii'}^{k,k'} + f_{ji'i}^{k',k} \leqslant 1 \tag{5.23}$$

与约束条件（5.9）相比，对于任务间最小转换时长的表述，改进的不等式表达在线性化的过程中不需要引入 Big-U，且只有当两个候选的可见时间窗口相互重叠的情况下才需要引入额外的布尔变量。因此，即使原模型中引入的布尔变量是关于 3 个下标的表达式，而新的改进模型中引入的布尔变量是关于 5 个下标的表达式，但是对于整个模型的构建，改进模型中总的布尔变量的引入并不一定比先前构建模型中引入的布尔变量多，尤其是当每个任务存在多个时间窗口的情况下。

改进的模型也可以精确有效地形式化描述卫星区间调度问题，而不需要额外引入 Big-M。此外，在通用的带有时间窗口约束的多个资源调度问题中，当每个任务在多个资源上存在多个离散的连续候选时间段时，采用改进的约束表达式可以更加精确地表述具有资源冲突的两个候选解的选择约束，进而有效地降低额外引入的变量个数。

5.4 数值仿真分析

5.4.1 测试实例

为测试该模型的性能，本书生成了多类测试实例。测试采用我国当前的在轨环境灾害监测卫星 HJ-1A、HJ-1B 和 HJ-1C，该类卫星可以实现大规模、全天候、全天时对生态环境和灾害的动态监测。卫星 HJ-1A 搭载一个 CCD 扫描相机和一个高光谱相机，HJ-1B 搭载一个 CCD 扫描相机和一个红外相机，HJ-1C 搭载两个 S 波段的 SAR 雷达传感器。卫星 HJ-1A 和卫星 HJ-1B 位于轨道高度 650 km 的太阳同步圆轨道上，两个卫星相位差 180°，每天绕地球运行大约 14.737 圈。卫星 HJ-1C 位于轨道高度 500 km 的太阳同步圆轨道上，每天运行大约 15.22 圈。卫星 HJ-1A 和 HJ-1B 的星载传感器在两天内能够实现对地完全覆盖。

除此之外，考虑待观测任务的不同分布特性，设计不同程度资源争用特性下的观测任务集合，分别是：①集合 R，表示所有被观测的点目标在地球表面上随机分布；②集合 C，表示所有被观测的点目标集中分布在多个重点观测区域内；③集合 M，表示混合

随机分布和集中分布的点目标集合。

任务观测时长 D_i 为[3, 10]上随机生成的整数，任务观测收益 w_i 为[1, 10]上随机生成的整数。假定场景调度起始时间为 2016-6-1 06:00:00，调度时长为 24 h 或 48 h。通过组合不同的资源集合和观测任务集合，所有生成的测试实例信息见表5-1。

表 5-1　测试实例数据

实例	周期	$\lvert R\rvert$	$\lvert M\rvert$	$\sum w_i$	实例	周期	$\lvert R\rvert$	$\lvert M\rvert$	$\sum w_i$
M-1	24 h	3	M100	621	R-7	24 h	6	R600	3 617
M-2	24 h	3	M200	1 191	R-8	24 h	6	R700	4 193
M-3	24 h	3	M300	1 790	R-9	24 h	6	R800	4 783
M-4	24 h	5	M100	621	R-10	24 h	6	R900	5 371
M-5	24 h	5	M200	1 191	R-11	24 h	6	R1000	5 987
M-6	24 h	5	M300	1 790	C-1	24 h	3	C100	620
M-7	24 h	5	M400	2 401	C-2	24 h	3	C200	1 218
M-8	24 h	5	M500	2 976	C-3	24 h	3	C300	1 785
M-9	48 h	5	M100	621	C-4	24 h	5	C100	620
M-10	48 h	5	M200	1 191	C-5	24 h	5	C200	1 218
M-11	48 h	5	M300	1 790	C-6	24 h	5	C300	1 785
M-12	48 h	5	M400	2 401	C-7	24 h	5	C400	2 385
M-13	48 h	5	M500	2 976	C-8	24 h	5	C500	2 998
R-1	24 h	4	R300	1 821	C-9	48 h	5	C100	620
R-2	24 h	4	R400	2 427	C-10	48 h	5	C200	1 218
R-3	24 h	4	R500	3 004	C-11	48 h	5	C300	1 785
R-4	24 h	6	R300	1 821	C-12	48 h	5	C400	2 385
R-5	24 h	6	R400	2 427	C-13	48 h	5	C500	2 998
R-6	24 h	6	R500	3 004					

5.4.2　实例分析

通过调度预处理操作，计算测试场景中所有可见时间窗口的分布特性和资源争用情况，进而能够定量分析上述所给实例的资源应用能力和测试实例的复杂度。该操作一方面旨在给出每个观测资源在所有测试实例上的资源最大利用率，有助于准确反映场景中每个资源的重要程度；另一方面指出实例中任务间在资源选择和观测时间窗口选择上的灵活性和冲突度。

采用多阶段调度规划的方式，将实例中的任务按照资源争用冲突度指标进行分类。某个实例上任务间潜在争用冲突度越大，资源有效子区间最大任务分配能力等指标值将为调度规划模型生成更多严格的切割不等式，使调度规划的初期为测试实例提供一个较紧缺的"根"上界，进而大大提高分支定界操作的计算效率。

除此之外，任务的潜在安排机会指某个任务在被安排执行时，资源选择和观测时间窗口选择的灵活性（包括整个仿真周期内任务平均可见时间窗口的个数和平均可视时长）。因为任务观测时间是整个仿真周期实数轴上的某个可行的时刻，所以该指标同样表明即使在两个测试实例上，任务平均可视时间相同，当任务平均可视时间窗口个数较多时，该问题较难被求解。该值有效反映了测试实例的复杂度和可行解的搜索空间，以及实例中每个卫星资源的最大使用率和在场景中的重要性。

5.4.3 调度预处理

因为在预处理过程中提前安排了没有时间窗口争用冲突的任务，所以在构建的模型中，待调度任务个数可能会小于初始测试实例中的任务个数。表 5-2 给出了预处理操作的影响，比较了上述所提出的两个模型的求解规模（包括模型中变量的个数和约束条件的个数）。图 5-7 和表 5-2 同时也指出了本书所提方法的各个操作环节在整个优化过程中的性能提升。

表 5-2 多星联合调度规划混合整数线性规划模型对比

实例	n'	MILP 模型			改进的 MILP 模型		
		mVC	mVB	mC	mVC	mVB	mC
C-1	0	100	4 082	10 463	100	1 838	7 713
C-2	6	194	15 234	38 620	218	3 456	20 510
C-3	2	298	36 466	92 019	360	8 794	53 973
C-4	2	98	8 071	201 595	189	3 543	14 114
C-5	6	194	38 744	97 831	454	7 176	44 853
C-6	2	298	78 881	198 598	701	17 349	106 032
C-7	15	385	129 662	326 594	992	27 780	192 205
C-8	13	487	198 407	499 268	1 265	45 169	311 769
C-9	3	97	9 378	24 157	354	7 280	35 404
C-10	7	193	50 217	126 800	667	11 945	92 045

实例	n'	MILP 模型			改进的 MILP 模型		
		mVC	mVB	mC	mVC	mVB	mC
C-11	3	297	116 704	293 764	1 098	30 796	235 087
C-12	18	382	218 518	550 073	1 664	43 784	463 025
C-13	16	484	345 330	868 124	2 086	67 448	724 176
M-1	17	83	2 969	7 626	83	1 453	5 964
M-2	18	182	13 938	35 388	206	3 308	19 270
M-3	27	273	32 290	81 562	320	8 278	47 707
M-4	19	81	5 922	15 125	158	2 916	11 260
M-5	19	181	31 354	79 275	414	6 738	39 564
M-6	29	271	72 947	183 759	643	16 907	97 369
M-7	50	350	152 005	382 102	797	16 431	136 066
M-8	93	407	182 919	459 547	885	17 681	158 157
M-9	19	81	7 977	20 519	313	6 263	30 347
M-10	22	178	51 349	129 772	721	13 201	103 415
M-11	31	269	123 785	311 638	1 119	31 573	247 473
M-12	64	336	221 047	556 076	1 323	26 747	328 150
M-13	118	382	283 211	711 799	1 525	29 387	415 919
R-1	125	175	13 765	34 892	227	3 321	21 800
R-2	181	219	21 159	53 458	273	4 419	30 080
R-3	237	263	29 208	73 625	324	4 638	36 312
R-4	125	175	28 598	72 309	438	6 206	40 462
R-5	181	219	45 265	114 097	533	8 493	57 609
R-6	237	263	63 593	159 954	631	8 895	70 923
R-7	284	316	92 423	232 641	829	11 651	112 816
R-8	305	395	148 393	373 188	1 079	15 525	180 564
R-9	347	453	215 280	540 854	1 342	16 974	263 464
R-10	379	521	279 252	701 080	1 514	17 806	324 658
R-11	389	611	405 523	1 017 699	1 819	22 687	461 934

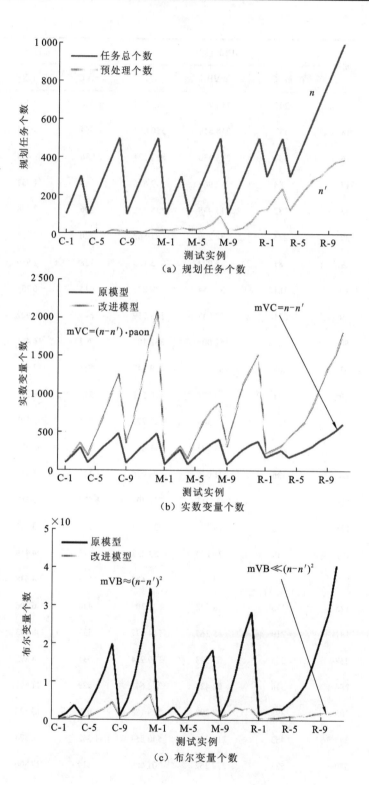

（a）规划任务个数

（b）实数变量个数

（c）布尔变量个数

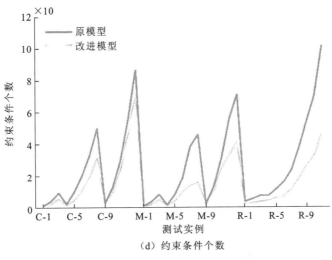

（d）约束条件个数

图 5-7　数学规划模型对比

在表 5-2 中，n' 是指在预处理操作过程中被分配的任务个数，根据资源有效可分配时间子区间计算得到。mVC、mVB 和 mC 分别代表模型中半连续变量个数、布尔变量个数和约束条件个数。结果表明本书提出的预处理操作是有效的，尤其是当待观测任务是随机生成时（如任务集合 R）。在本书提出的 MILP 模型中，半连续变量的个数等于待观测任务个数，布尔变量的个数随着任务个数的增长呈 2 次幂指数增长，即 mVC $= n - n'$，mVB $\approx (n - n')^2$。然而对于改进的 MILP 模型，半连续变量的个数等于所有任务可见时间窗口个数，即 mVC $= (n - n') \cdot \text{paon}$，其中 paon 为整个仿真周期内平均可见时间窗口个数。因为在线性化连续两个观测任务间转换时长约束表达式中，只有当两个候选可见时间窗口可能相互重叠时，布尔变量 $f_{jii'}^{k,k'}$ 和 $f_{ji'i}^{k',k}$ 才会被引入，所以即使该布尔变量看似有 5 个上下角标，但真正需要引入的总的布尔变量的个数通常要远远小于 MILP 模型中引入的布尔变量个数，尤其是当待观测任务是集中分布时（如任务集合 C），即 mVB $\ll (n - n')^2$。

5.4.4　优化结果

模型求解采用 Gurobi6.5.1 大规模数学规划优化器，硬件环境为 16 GB 随机存取存储器和 8 核 3.40 GHz 个人计算机，最大运行时长为 6 h。表 5-3 和表 5-4 分别给出了最大化任务完成个数和最大化任务总收益为优化目标下的最优解。对于每个测试实例，本书给出了优化结果的"根"上界 rub（the root upper bound）、"紧缺"上界 fub（the final upper bound）和最优可行解 res（the best result）。gap（间隙）值通过(fub-res)/fub 计算得到，用于表示求得的最优解到问题"紧缺"上界的逼近程度。gap=0.00%表明求得的"紧缺"上界和最优可行解相同，即问题最优解被找到，并给出了相应的计算时间。如果 6 h 最优解没有被找到，则运行时长用"-"表示。

表 5-3　最大化任务完成个数优化结果

| 实例 | 优化目标：最大化任务完成总个数 | | | | | | | | | |
| | 在 MILP 模型下求得的最优解 | | | | | 在改进的 MILP 模型下求得的最优解 | | | | |
	rub	fub	res	gap	时间/s	rub	fub	res	gap	时间/s
C-1	26.00	26	26	**0.00%**	0	26.00	26	26	**0.00%**	0
C-2	82.00	82	82	**0.00%**	19	82.00	82	82	**0.00%**	0
C-3	85.89	85	85	**0.00%**	265	85.00	85	85	**0.00%**	1
C-4	44.00	44	44	**0.00%**	23	44.00	44	44	**0.00%**	2
C-5	129.84	128	126	1.56%	—	130.84	129	128	0.78%	—
C-6	133.00	133	125	6.02%	—	132.00	131	131	**0.00%**	683
C-7	163.98	163	157	3.68%	—	164.98	163	162	0.61%	—
C-8	181.55	179	125	30.17%	—	183.85	179	178	0.56%	—
C-9	73.76	72	71	1.39%	—	73.76	72	72	**0.00%**	157
C-10	155.84	155	121	21.94%	—	157.84	155	155	**0.00%**	377
C-11	178.00	178	132	25.84%	—	178.00	176	175	0.57%	—
C-12	265.79	265	160	**39.62%**	—	266.79	265	259	2.26%	—
C-13	291.97	290	180	37.93%	—	293.97	290	285	1.72%	—
M-1	39.00	39	39	**0.00%**	2	39.00	39	39	**0.00%**	0
M-2	86.00	86	86	**0.00%**	15	86.00	86	86	**0.00%**	1
M-3	108.00	107	107	**0.00%**	153	108.00	107	107	**0.00%**	8
M-4	53.00	53	53	**0.00%**	17	53.00	53	53	**0.00%**	1
M-5	124.00	124	121	2.42%	—	123.00	122	122	**0.00%**	139
M-6	151.00	151	143	5.30%	—	150.00	150	149	0.67%	—
M-7	228.93	225	197	12.44%	—	227.93	224	223	0.45%	—
M-8	309.81	305	282	7.54%	—	308.81	304	303	0.33%	—
M-9	82.92	81	81	**0.00%**	1 581	82.92	81	81	**0.00%**	25
M-10	162.99	162	138	14.81%	—	162.99	162	161	0.62%	—
M-11	206.00	206	158	23.30%	—	206.00	205	204	0.49%	—
M-12	305.88	301	218	27.57%	—	304.88	301	296	1.66%	—
M-13	402.00	402	294	26.87%	—	403.99	401	391	**2.49%**	—

续表

实例	优化目标：最大化任务完成总个数									
	在 MILP 模型下求得的最优解					在改进的 MILP 模型下求得的最优解				
	rub	fub	res	gap	时间/s	rub	fub	res	gap	时间/s
R-1	210.92	209	209	**0.00%**	118	209.00	209	209	**0.00%**	1
R-2	287.92	286	286	**0.00%**	113	286.00	286	286	**0.00%**	1
R-3	381.00	380	380	**0.00%**	223	380.00	380	380	**0.00%**	1
R-4	239.82	238	236	0.84%	—	238.75	237	236	0.42%	—
R-5	317.82	316	314	0.63%	—	315.94	315	314	0.32%	—
R-6	412.00	411	409	0.49%	—	410.94	410	409	0.24%	—
R-7	507.00	507	434	14.40%	—	506.99	505	502	0.59%	—
R-8	581.83	581	497	14.46%	—	583.83	580	579	0.17%	—
R-9	682.83	682	593	13.05%	—	682.83	679	677	0.29%	—
R-10	763.83	763	670	12.19%	—	765.83	762	760	0.26%	—
R-11	*	*	*	*	—	839.33	835	833	0.24%	—

由表 5-3 可知，与由 MILP 模型生成的最优解相比，改进的 MILP 模型在更多的测试实例上都优化得到了最优解。同时，改进的 MILP 模型几乎在所有测试实例上都可以找到更加紧缺的上界。除此之外，最优解的生成都小于 1 000 s，并且在约束的 6 h 内优化得到的近似最优解都已经非常逼近于获得的"紧缺"上界了。在所有给出的测试实例上，最优解的最大 gap 为 2.49%。然而，在 MILP 模型下求得的最优解在最差情况下达到了 39.62%，且在有限优化时长内，没有求得测试实例 R-11 的可行解。表 5-1、表 5-2、表 5-3 的各项结果表明，随着问题规模的增大，所提出模型的问题求解能力与性能均得到了明显的改善。

表 5-4　最大化任务完成总收益最优结果

实例	优化目标：最大化任务完成总收益									
	在 MILP 模型下求得的最优解					在改进的 MILP 模型下求得的最优解				
	rub	fub	res	gap	时间/s	rub	fub	res	gap	时间/s
C-1	194.72	194	194	**0.00%**	1	194.71	194	194	**0.00%**	0
C-2	600.62	599	599	**0.00%**	8	600.61	599	599	**0.00%**	1
C-3	643.35	629	629	**0.00%**	68	631.88	629	629	**0.00%**	3
C-4	334.01	318	318	**0.00%**	375	334.01	318	318	**0.00%**	39
C-5	903.61	894	881	1.45%	—	899.58	888	887	0.11%	—

| 实例 | 优化目标：最大化任务完成总收益 | | | | | | | | | |
| | 在 MILP 模型下求得的最优解 | | | | | 在改进的 MILP 模型下求得的最优解 | | | | |
	rub	fub	res	gap	时间/s	rub	fub	res	gap	时间/s
C-6	951.06	939	928	1.17%	—	946.05	928	928	**0.00%**	509
C-7	1 211.39	1 199	1 132	5.59%	—	1 218.36	1 198	1 174	2.00%	—
C-8	1 364.65	1 351	1 300	3.77%	—	1 374.62	1 348	1 329	1.41%	—
C-9	504.71	499	492	1.40%	—	504.71	495	495	**0.00%**	912
C-10	1 048.39	1 042	1 024	1.73%	—	1 055.39	1 042	1 038	0.38%	—
C-11	1 243.76	1 239	1 162	6.21%	—	1 243.76	1 226	1 219	0.57%	—
C-12	1 799.62	1 793	1 148	**35.97%**	—	1 806.59	1 787	1 735	2.91%	—
C-13	2 050.11	2 050	1 353	34.00%	—	2 060.03	2 034	1 974	**2.95%**	—
M-1	275.35	269	269	**0.00%**	5	272.04	269	269	**0.00%**	0
M-2	586.78	578	578	**0.00%**	60	590.40	578	578	**0.00%**	9
M-3	745.00	728	728	**0.00%**	496	739.31	728	728	**0.00%**	71
M-4	386.65	375	375	**0.00%**	51	382.50	375	375	**0.00%**	18
M-5	831.44	818	783	4.28%	—	823.26	807	800	0.87%	—
M-6	1 031.35	1 018	982	3.54%	—	1 026.34	1 009	1 001	0.79%	—
M-7	1 558.55	1 536	1 510	1.69%	—	1 554.54	1 533	1 523	0.65%	—
M-8	2 037.25	2 017	1 964	2.63%	—	2 033.24	2 008	1 995	0.65%	—
M-9	550.25	541	540	0.18%	—	550.24	540	540	**0.00%**	49
M-10	1 042.59	1 041	969	6.92%	—	1 042.59	1 036	1 024	1.16%	—
M-11	1 371.50	1 367	1 059	22.53%	—	1 371.49	1 360	1 337	1.69%	—
M-12	1 981.15	1 977	1 627	17.70%	—	1 989.14	1 970	1 944	1.32%	—
M-13	2 552.34	2 552	1 746	31.58%	—	2 560.33	2 544	2 475	2.71%	—
R-1	1 344.55	1 329	1 329	**0.00%**	263	1 332.42	1 329	1 329	**0.00%**	10
R-2	1 816.51	1 806	1 806	**0.00%**	230	1 809.70	1 806	1 806	**0.00%**	23
R-3	2 366.41	2 355	2 355	**0.00%**	671	2 358.70	2 355	2 355	**0.00%**	8
R-4	1 550.02	1 538	1 520	1.17%	—	1 544.75	1 528	1 520	0.52%	—
R-5	2 039.12	2 025	2 006	0.94%	—	2 028.58	2 015	2 006	0.45%	—
R-6	2 581.86	2 572	2 552	0.78%	—	2 581.58	2 568	2 559	0.35%	—
R-7	3 171.19	3 168	2 835	10.51%	—	3 170.75	3 157	3 142	0.48%	—

续表

实例	优化目标：最大化任务完成总收益									
	在 MILP 模型下求得的最优解					在改进的 MILP 模型下求得的最优解				
	rub	fub	res	gap	时间/s	rub	fub	res	gap	时间/s
R-8	3 635.33	3 635	2 984	17.91%	—	3 639.34	3 621	3 595	0.72%	—
R-9	4 217.33	4 215	3 533	16.18%	—	4 223.28	4 204	4 177	0.64%	—
R-10	4 700.81	4 700	3 984	15.23%	—	4 708.87	4 688	4 659	0.62%	—
R-11	*	*	*	*	—	5 189.80	5 165	5 125	0.77%	—

由表 5-4 可知，改进的 MILP 模型同样在最大化任务完成总收益目标下表现出了显著的优势。在所有给出的测试实例上，最优解的最大 gap 为 2.95%。在 MILP 模型下求得的最优解在最差情况下达到了 35.97%，且在有限优化时长内，同样没有求得测试实例 R-11 的可行解。

上述给出的 6 h 最大优化时长是在优化结果基本收敛的情况下给出的，因此在延长 Gurobi 的优化时长情况下，可以在当前基础上获得部分的测试实例的更优化"紧缺"上界和最优值。如测试实例 M-11，在 41 924 s 可以求得最大任务完成个数目标下的最优解 205（此时对应的 gap=0.00%），在 35 523 s 可以求得最大任务完成总收益下的更优解 1 340（此时对应的 gap=1.47%）。

除此之外，测试实例 C-13 和 M-13 具有相同的可用资源个数，相同的观测任务个数和相同的调度周期（2 天）。在模型 MILP 中，实例 C-13 中任务的潜在平均被观测机会 paon（可见时间窗口个数）和 paot（可见窗口平均时长）均比实例 M-13 高（表 5-5）。该值反映出实例 C-13 中的任务具有更灵活的资源和观测时间窗口选择机会。因此，测试实例 C-13 的模型规模（优化变量个数和约束条件个数）比 M-13 的模型规模较大（表 5-3）。而对于改进的 MILP 模型，由于实例 C-13 的冲突指标 conf 值同样更高于实例 M-13，实例 C-13 的模型规模远远高于实例 M-13 的模型规模（表 5-3）。

表 5-5　调度场景中资源利用率和任务冲突度

实例	卫星	资源	δ/s	N	T/s	F/s	n	conf	paon	paot
C-1	HJ-1A	HIS	30	44	5 401.56	309.74	11	16.44	1.00	99.07
	HJ-1B	IRS	30	45	4 347.99	370.57	12	10.73		
	HJ-1C	SAR2	30	11	157.16	76.81	3	1.05		
C-2	HJ-1A	HSI	30	114	11 692.25	1 048.72	33	10.15	1.13	96.86
	HJ-1B	IRS	30	83	7 225.03	1 219.97	38	4.92		
	HJ-1C	SAR2	30	28	455.16	312.85	17	0.45		

实例	卫星	资源	δ/s	N	T/s	F/s	n	conf	paon	paot
C-3	HJ-1A	HSI	30	177	16 966.54	1 460.07	42	10.62	1.21	99.86
	HJ-1B	IRS	30	153	12 466.22	1 563.84	46	6.97		
	HJ-1C	SAR2	30	34	526.18	209.35	9	1.51		
C-4	HJ-1A	CCD1	40	51	5 056.82	400.81	9	11.62	1.95	191.69
		HSI	30	44	5 401.56	309.74	11	16.44		
	HJ-1B	CCD2	40	44	4 205.78	359.60	9	10.70		
		IRS	30	45	4 347.99	370.57	12	10.73		
	HJ-1C	SAR2	30	11	157.16	76.81	3	1.05		
C-5	HJ-1A	CCD1	40	136	12 544.85	1 408.84	34	7.90	2.31	202.06
		HSI	30	114	11 692.25	1 048.72	33	10.15		
	HJ-1B	CCD2	40	101	8 493.90	1 302.05	33	5.52		
		IRS	30	83	7 225.03	1 219.97	38	4.92		
	HJ-1C	SAR2	30	28	455.16	312.85	17	0.45		
C-6	HJ-1A	CCD1	40	173	14 221.61	1 594.25	39	7.92	2.35	192.51
		HSI	30	177	16 966.54	1 460.07	42	10.62		
	HJ-1B	CCD2	40	169	13 573.70	1 481.07	37	8.16		
		IRS	30	153	12 466.22	1 563.84	46	6.97		
	HJ-1C	SAR2	30	34	526.18	209.35	9	1.51		
C-7	HJ-1A	CCD1	40	251	20 517.75	1 783.73	36	10.50	2.56	221.70
		HSI	30	251	25 557.12	1 930.87	45	12.24		
	HJ-1B	CCD2	40	237	20 457.45	1 785.02	43	10.46		
		IRS	30	242	21 479.04	1 868.40	57	10.50		
	HJ-1C	SAR2	30	44	669.25	337.05	17	0.99		
C-8	HJ-1A	CCD1	40	287	24 015.23	1 686.79	37	13.24	2.59	225.01
		HSI	30	302	30 849.21	1 881.88	50	15.39		
	HJ-1B	CCD2	40	323	27 687.92	2 027.46	49	12.66		
		IRS	30	330	29 139.61	2 110.58	62	12.81		
	HJ-1C	SAR2	30	53	811.56	364.61	18	1.23		

实例	卫星	资源	δ/s	N	T/s	F/s	n	conf	paon	paot
C-9	HJ-1A	CCD1	40	125	11 638.60	813.02	19	13.32	3.67	366.30
		HSI	30	88	10 659.17	623.03	21	16.11		
	HJ-1B	CCD2	40	71	6 972.31	548.55	14	11.71		
		IRS	30	72	7 202.65	560.91	18	11.84		
	HJ-1C	SAR2	30	11	157.16	76.81	3	1.05		
C-10	HJ-1A	CCD1	40	253	22 024.57	2 223.94	55	8.90	3.40	301.76
		HSI	30	181	18 953.14	1 593.73	49	10.89		
	HJ-1B	CCD2	40	123	10 471.08	1 724.89	43	5.07		
		IRS	30	95	8 448.97	1 463.36	44	4.77		
	HJ-1C	SAR2	30	28	455.16	312.85	17	0.45		
C-11	HJ-1A	CCD1	40	369	29 721.34	2 673.48	65	10.12	3.69	310.26
		HSI	30	273	26 917.49	1 899.59	56	13.17		
	HJ-1B	CCD2	40	248	20 545.92	2 174.95	55	8.45		
		IRS	30	182	15 365.81	1 851.21	55	7.30		
	HJ-1C	SAR2	30	34	526.18	209.35	9	1.51		
C-12	HJ-1A	CCD1	40	543	44 443.30	3 975.35	86	10.18	4.34	377.97
		HSI	30	378	38 680.16	3 403.81	81	10.36		
	HJ-1B	CCD2	40	451	38 735.80	3 582.40	79	9.81		
		IRS	30	321	28 658.97	2 717.88	80	9.54		
	HJ-1C	SAR2	30	44	669.25	337.05	17	0.99		
C-13	HJ-1A	CCD1	40	677	56 901.40	3 852.66	88	13.77	4.31	376.24
		HSI	30	447	45 886.18	3 407.96	91	12.46		
	HJ-1B	CCD2	40	569	48 600.95	3 898.63	89	11.47		
		IRS	30	407	35 921.75	3 062.02	89	10.73		
	HJ-1C	SAR2	30	53	811.56	364.61	18	1.23		
M-1	HJ-1A	HIS	30	45	5 138.73	567.13	14	8.06	1.07	101.40
	HJ-1B	IRS	30	54	4 874.60	1 595.55	29	2.06		
	HJ-1C	SAR2	30	8	126.23	67.39	3	0.87		

实例	卫星	资源	δ/s	N	T/s	F/s	n	conf	paon	paot
M-2	HJ-1A	HSI	30	93	9 381.23	1 460.33	37	5.42	1.16	100.17
	HJ-1B	IRS	30	120	10 356.08	2 194.82	59	3.72		
	HJ-1C	SAR2	30	18	296.09	140.49	6	1.11		
M-3	HJ-1A	HSI	30	151	15 150.84	1 738.97	44	7.71	1.19	103.84
	HJ-1B	IRS	30	184	15 645.23	3 223.84	77	3.85		
	HJ-1C	SAR2	30	22	355.19	148.52	6	1.39		
M-4	HJ-1A	CCD1	40	43	4 283.88	406.60	9	9.54	2.07	194.17
		HSI	30	45	5 138.73	567.13	14	8.06		
	HJ-1B	CCD2	40	57	4 994.01	1 503.96	27	2.32		
		IRS	30	54	4 874.60	1 595.55	29	2.06		
	HJ-1C	SAR2	30	8	126.23	67.39	3	0.87		
M-5	HJ-1A	CCD1	40	97	8 688.12	1 440.46	34	5.03	2.31	199.85
		HSI	30	93	9 381.23	1 460.33	37	5.42		
	HJ-1B	CCD2	40	134	11 248.59	2 111.44	51	4.33		
		IRS	30	120	10 356.08	2 194.82	59	3.72		
	HJ-1C	SAR2	30	18	296.09	140.49	6	1.11		
M-6	HJ-1A	CCD1	40	160	13 827.02	1 656.37	39	7.35	2.39	205.43
		HSI	30	151	15 150.84	1 738.97	44	7.71		
	HJ-1B	CCD2	40	199	16 650.92	3 098.04	66	4.37		
		IRS	30	184	15 645.23	3 223.84	77	3.85		
	HJ-1C	SAR2	30	22	355.19	148.52	6	1.39		
M-7	HJ-1A	CCD1	40	295	24 607.41	5392.2	96	3.56	2.30	194.53
		HSI	30	291	28 775.26	2 633.39	64	9.93		
	HJ-1B	CCD2	40	210	17 288.81	4 265.57	74	3.05		
		IRS	30	81	6 485.44	3 207.25	57	1.02		
	HJ-1C	SAR2	30	41	655.26	485.40	25	0.35		

实例	卫星	资源	δ/s	N	T/s	F/s	n	conf	paon	paot
M-8	HJ-1A	CCD1	40	334	27 847.32	6 509.20	122	3.28	2.16	178.41
		HSI	30	300	28 891.38	3 416.69	83	7.46		
	HJ-1B	CCD2	40	308	24 596.35	6 820.68	126	2.61		
		IRS	30	93	7 146.66	3 298.15	62	1.17		
	HJ-1C	SAR2	30	45	721.53	573.52	30	0.26		
M-9	HJ-1A	CCD1	40	121	11 012.80	776.74	19	13.18	3.93	374.05
		HSI	30	90	10 397.46	982.28	27	9.59		
	HJ-1B	CCD2	40	90	8 094.21	2 825.45	47	1.86		
		IRS	30	84	7 774.62	2 883.95	48	1.70		
	HJ-1C	SAR2	30	8	126.23	67.39	3	0.87		
M-10	HJ-1A	CCD1	40	281	23 817.80	3 359.23	80	6.09	4.07	356.65
		HSI	30	170	17 551.99	2 243.98	56	6.82		
	HJ-1B	CCD2	40	201	17 003.69	3 642.71	85	3.67		
		IRS	30	144	12 660.71	2 902.44	74	3.36		
	HJ-1C	SAR2	30	18	296.09	140.49	6	1.11		
M-11	HJ-1A	CCD1	40	407	33 683.82	3 623.79	87	8.30	4.17	361.57
		HSI	30	255	25 859.69	2 577.14	65	9.03		
	HJ-1B	CCD2	40	332	27 988.76	5 624.21	114	3.98		
		IRS	30	236	20 582.38	4 786.82	103	3.30		
	HJ-1C	SAR2	30	22	355.19	148.52	6	1.39		
M-12	HJ-1A	CCD1	40	524	43 726.61	9 351.85	165	3.68	3.99	339.35
		HSI	30	479	47 108.39	5 264.96	122	7.95		
	HJ-1B	CCD2	40	423	34 216.82	7 741.70	142	3.42		
		IRS	30	127	10 015.32	5 094.58	94	0.97		
	HJ-1C	SAR2	30	42	673.92	504.06	26	0.34		

实例	卫星	资源	δ/s	N	T/s	F/s	n	conf	paon	paot
M-13	HJ-1A	CCD1	40	667	56 629.50	14 082.51	258	3.02	4.07	347.95
		HSI	30	576	56 857.17	9 312.37	206	5.11		
	HJ-1B	CCD2	40	575	46 201.02	13 102.91	238	2.53		
		IRS	30	172	13 566.61	7 074.17	128	0.92		
	HJ-1C	SAR2	30	45	721.53	573.52	30	0.26		
R-1	HJ-1A	HSI	30	170	17 219.78	7 210.43	118	1.39	1.31	107.36
	HJ-1B	IRS	30	166	14 165.54	5 382.46	94	1.63		
	HJ-1C	SAR1	25	11	116.99	116.99	11	0.00		
		SAR2	30	46	706.49	653.70	39	0.08		
R-2	HJ-1A	HSI	30	210	21 363.18	8 508.24	142	1.51	1.28	105.77
	HJ-1B	IRS	30	231	19 933.08	9 559.21	152	1.09		
	HJ-1C	SAR1	25	12	126.75	126.75	12	0.00		
		SAR2	30	57	883.27	777.86	47	0.14		
R-3	HJ-1A	HSI	30	247	24 748.59	10 327.56	179	1.40	1.26	101.96
	HJ-1B	IRS	30	285	24 789.20	12 415.51	205	1.00		
	HJ-1C	SAR1	25	20	211.59	204.68	18	0.03		
		SAR2	30	79	1 233.10	1 062.72	63	0.16		
R-4	HJ-1A	CCD1	40	170	14 257.38	6 755.10	112	1.11	2.43	200.96
		HSI	30	170	17 219.78	7 210.43	118	1.39		
	HJ-1B	CCD2	40	166	13 822.88	5 239.04	86	1.64		
		IRS	30	166	14 165.54	5 382.46	94	1.63		
	HJ-1C	SAR1	25	11	116.99	116.99	11	0.00		
		SAR2	30	46	706.49	653.70	39	0.08		
R-5	HJ-1A	CCD1	40	245	20 460.47	10 263.72	171	0.99	2.47	205.99
		HSI	30	210	21 363.18	8 508.24	142	1.51		
	HJ-1B	CCD2	40	234	19 627.92	9 203.93	142	1.13		
		IRS	30	231	19 933.08	9 559.21	152	1.09		
	HJ-1C	SAR1	25	12	126.75	126.75	12	0.00		
		SAR2	30	57	883.27	777.86	47	0.14		

续表

实例	卫星	资源	δ/s	N	T/s	F/s	n	conf	paon	paot
R-6	HJ-1A	CCD1	40	298	24 794.29	12 754.80	221	0.94	2.44	200.60
		HSI	30	247	24 748.59	10 327.56	179	1.40		
	HJ-1B	CCD2	40	291	24 523.34	12 205.38	199	1.01		
		IRS	30	285	24 789.20	12 415.51	205	1.00		
	HJ-1C	SAR1	25	20	211.59	204.68	18	0.03		
		SAR2	30	79	1 233.10	1 062.72	63	0.16		
R-7	HJ-1A	CCD1	40	394	32 805.30	15 058.92	272	1.18	2.62	218.61
		HSI	30	359	35 980.50	13 316.92	252	1.70		
	HJ-1B	CCD2	40	378	31 809.02	14 261.62	247	1.23		
		IRS	30	332	28 953.59	12 883.02	224	1.25		
	HJ-1C	SAR1	25	21	220.32	213.41	19	0.03		
		SAR2	30	89	1 394.67	1 178.06	71	0.18		
R-8	HJ-1A	CCD1	40	468	39 119.41	17 147.12	315	1.28	2.72	228.59
		HSI	30	449	44 694.12	15 967.84	312	1.80		
	HJ-1B	CCD2	40	492	41 659.75	17 020.37	310	1.45		
		IRS	30	374	32 698.60	13 032.66	229	1.51		
	HJ-1C	SAR1	25	23	239.07	232.16	21	0.03		
		SAR2	30	101	1 602.63	1 326.67	79	0.21		
R-9	HJ-1A	CCD1	40	597	49 603.80	20 593.61	395	1.41	2.88	241.49
		HSI	30	538	53 486.70	19 275.32	384	1.77		
	HJ-1B	CCD2	40	620	51 972.71	20 314.63	384	1.56		
		IRS	30	416	36 115.20	14 705.63	265	1.46		
	HJ-1C	SAR1	25	25	258.94	252.03	23	0.03		
		SAR2	30	111	1 758.41	1 478.82	88	0.19		
R-10	HJ-1A	CCD1	40	666	55 439.42	23 101.46	443	1.40	2.86	237.52
		HSI	30	578	57 447.53	20 896.70	415	1.75		
	HJ-1B	CCD2	40	696	58 559.76	22 731.15	435	1.58		
		IRS	30	459	39 784.35	16 460.32	303	1.42		
	HJ-1C	SAR1	25	30	307.84	300.93	28	0.02		
		SAR2	30	141	2 230.07	1 889.91	113	0.18		

续表

实例	卫星	资源	δ/s	N	T/s	F/s	n	conf	paon	paot
R-11	HJ-1A	CCD1	40	783	65 837.40	24 557.99	477	1.68	2.92	244.30
		HSI	30	657	65 689.49	22 099.31	444	1.97		
	HJ-1B	CCD2	40	784	65 688.80	23 582.36	452	1.79		
		IRS	30	511	44 351.37	17 214.34	320	1.58		
	HJ-1C	SAR1	25	33	343.53	336.61	31	0.02		
		SAR2	30	150	2 385.59	2 008.28	118	0.19		

结合调度规划方案的结果，图 5-8 给出了改进的 MILP 模型在所有测试实例上提供一个"紧缺"上界和最优调度方案的能力[图 5-8（a）和图 5-8（b）分别是以最大化任务完成总个数和最大化任务完成总收益为目标函数的计算结果]。图 5-8 不仅指出了所有测试实例中任务的冲突度，即优化得到的"紧缺"上界和算例中的任务总个数或者任务总权重的比值，如图中的红色折线（任务完成上界）所示；同样给出了在所有测试实例上任务的完成情况，即优化得到的问题的最优解和算例中的任务总个数或者任务总权重的比值，如图中的绿色折线（最优可行解）所示。两条折线的逼近程度同时反映了本书提出的改进 MILP 模型的求解能力，图中的"*"表示在相应的算例上优化得到了问题的最优解。

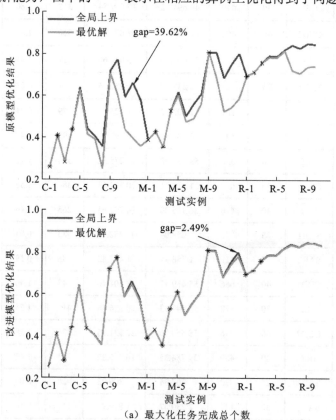

（a）最大化任务完成总个数

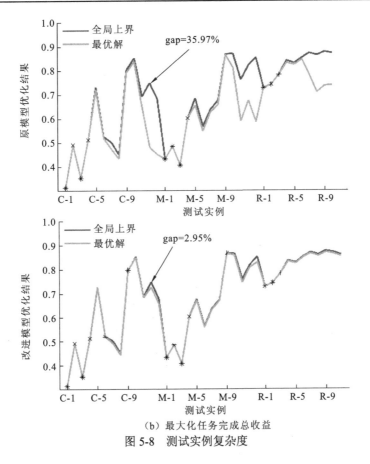

（b）最大化任务完成总收益

图 5-8　测试实例复杂度

　　图 5-9 进一步给出了本书提出的改进 MILP 模型在不同类型任务观测集合上的求解效率。其中，图 5-9（a）～（c）是最大化任务完成个数目标下的模型求解效能变化趋势，图 5-9（d）～（f）是最大化任务完成总收益下的模型求解效能变化趋势。图中横轴表示优化时长，纵轴表示当前获得的最优解和"紧缺"上界的 gap。由图可知，在优化的初期，改进的 MILP 模型可以在优化初期非常快地生成足够好的可行调度方案，尤其是当待观测任务集中资源争用冲突较小时。

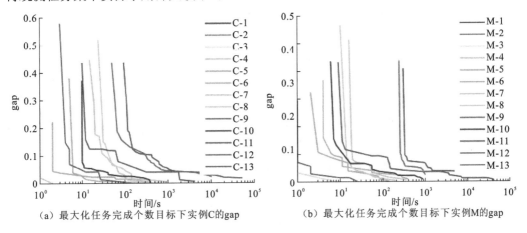

（a）最大化任务完成个数目标下实例 C 的 gap　　　　（b）最大化任务完成个数目标下实例 M 的 gap

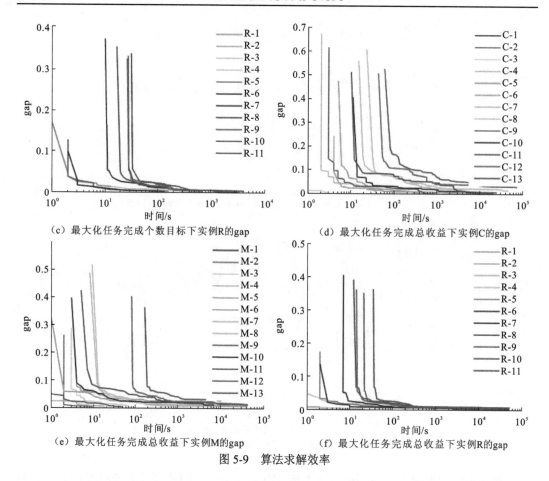

（c）最大化任务完成个数目标下实例R的gap　　　　　（d）最大化任务完成总收益下实例C的gap

（e）最大化任务完成总收益下实例M的gap　　　　　（f）最大化任务完成总收益下实例R的gap

图 5-9　算法求解效率

5.4.5　调度场景定量分析

　　表 5-5 给出了详细的测试实例的问题复杂度。其中，δ 为资源上相邻任务的执行最小稳定时长，N 和 T 分别是每个资源上所有任务可见时间窗口的个数和可见窗口时长的总和；资源可用观测时长 F 是指资源上所有可行时间区间段的最大总观测时长（由于同一资源上不同任务可见时间窗口是相交的，所以当测试实例中的任务争用冲突较大时，$F \ll T$，此时，约束条件在生成一个紧缺的"根"上界上将发挥显著的作用）。

　　结合所有可见时间窗口的分布特性和任务观测约束，本书在此基础上定量分析了所有测试实例的复杂度和资源的最大应用能力。首先可以算得每个资源可用时间区间上的最大可能任务分配个数，rn_j^k 代表最多可能被安排在资源 R_j 上可用时间区间 rtw_j^k 上的任务个数，可以近似按照式（5.24）计算得到，也可以根据每个任务的观测时长由小到大排序，依次在区间 rtw_j^k 上迭代安排待观测任务，直到达到任务分配上限个数而更精确计算得到，rn_j 代表最多能被安排在该资源上执行的总任务个数。

$$\mathrm{rn}_j = \sum_{k=1}^{l_j} \mathrm{rn}_j^k = \sum_{k=1}^{l_j} \left\lfloor \frac{|\mathrm{rtw}_j^k| + \delta_j}{D_i + \delta_j} \right\rfloor \tag{5.24}$$

在此基础上，资源冲突度指标 conf 被进一步提出，它是指在整个仿真周期内，每一时刻有多少个任务可以同时被安排在该资源上，同时也反映了资源上每个可用时间区间上的平均任务争用冲突度和最大任务分配能力。$conf_i$ 可以通过 $(T_i - F_i)/F_i$ 计算得到。可见，$conf_i = 0$ 代表所有任务在执行过程中没有资源争用冲突，即它们的可见时间窗口不相交。这两个冲突指标反映了资源调度中任务间的潜在冲突情况。除此之外，任务潜在被分配机会给出了资源上每个待观测任务被安排的灵活性（包括整个仿真周期内平均可见时间窗口个数 paon 和每个可见时间窗口的平均时长 paot）。该值同样反映了测试实例的复杂度和可行解的搜索空间、实例中每个卫星资源的最大使用率和在场景中的重要性。

5.4.6　性能分析

综合比较以上测试实例的规模、测试实例的复杂度和优化结果。在调度方案中（表 5-3 和表 5-4），"根上界"指在优化的初始阶段，通过数学规划的方法可以计算得到的最大任务完成效益的上限，与任务总权重相比，可以很明显地展示出相应算例中任务的争用情况，也反映了资源的最大任务完成能力，并且该值在大多数算例上都已经非常接近问题的全局上界了，进而能够有效地提高后续优化过程中的分支定界法和智能优化算法的求解效率。"任务最大完成上界"指在优化算法结束时刻（6 h 后），可以分析算得的一个更加精确的任务完成效益的上限，是问题的全局上界。"最优解"是本书算法求解得到的可行调度方案的最优解，该值已经等于或非常接近"任务最大完成上界"值。同时在最大化总任务完成个数和最大化任务完成总收益值目标下，所得到的"最优解"和"最大完成上界"的"间隙"在所有测试实例上均表现了该模型最优可行解的生成性能（在最大问题规模中，改进的混合整数线性规划模型的半连续优化变量数量达到了2 086 个，布尔变量个数达到了 67 448 个，约束条件达到了 724 176 个），而在实际的算法性能分析中，该间隙值小于 4% 就已经认为该模型和算法性能足够好了。算法求得最优解或近优解时所消耗的时间，反映了该求解模型和求解算法的高效性，因为在求解中约束了最大求解时长，若进一步放宽算法优化时间，该模型在部分算例上仍然会得到更优的调度方案。

第6章 基于优先级和冲突避免的规划方法

第 5 章为多敏捷卫星联合调度规划问题构建的混合整数线性规划模型中，为了线性化描述同一资源上连续两个被观测任务 M_i、$M_{i'}$ 之间的最小转换时长约束，将连续两个成像任务间的资源稳定时长函数 $\mu_{i,s_i,i',s_{i'}}^j$ 简化为常数值 $\Delta_{i,i'}^j$。实际上，在调度规划的过程中，同一资源上的任意两个连续观测任务间的转换时长都是随资源、姿态动态变化的，取决于生成的调度方案中为任务分配的观测时间窗口，无法将包含动态变化的任务间转换时长函数 $\mu_{i,s_i,i',s_{i'}}^j$ 的约束进行线性化表示。因此，第 5 章所给出的约束表达式实际上只是一种过约束操作，但并不影响生成的调度方案的有效性和可行性。本章考虑所有准确的调度操作约束，旨在分析场景中的资源应用能力，所有任务可见时间窗口分布特性和资源可用时间区间分布特性。本章首先对问题进行分解，将各项复杂操作约束进行分类处理；其次设计复杂约束下的启发式任务选择策略和观测时间窗口分配策略，并进一步采用智能优化算法对该问题进行求解；由于启发式算法生成的可行调度方案可能会陷入局部最优解，最后有必要对生成的调度方案可行解进行二次优化。

本章将多敏捷卫星联合调度规划问题抽象成一类带时间窗口约束的通用的资源调度问题。问题的输入只有有效资源集、待执行的任务集、每个任务可以被分配到所有有效资源上执行的时间窗口集合及任务执行过程中的相互操作约束，而不需要考虑具体的卫星轨道等航天背景（陈晓宇 等，2019）。将该问题分解成调度预处理、调度规划和可行解优化三个阶段。通过分析资源有效性、所有任务可见时间窗口分布特性和资源可用时间区间分布，本章定义所有任务可见时间窗口的分布特性和冲突影响指标，并根据求得的资源空闲时间片，在调度预处理阶段分配场景中的部分任务，降低问题的复杂度。在此基础上，研究基于任务优先级和冲突避免的启发式任务选择和观测时间窗口分配策略，提出基于时间的贪婪算法、基于任务权重的贪婪算法和改进的差分进化算法。

6.1 多敏捷卫星联合调度规划问题分解

针对相同的多敏捷卫星联合对地观测调度规划问题，本章将采用智能优化方法进行求解。通过第 5 章的资源有效性和任务冲突度指标分析结果可以发现，原问题中任务种类多样（包括地面随机生成的元目标集合和特定区域集中分布的元目标集合），任务的分配能力和分配方式差别是非常显著的。为了提高算法的计算效率，本章首先根据任务特性将该问题划分为调度预处理、调度规划（建模＋优化）和可行解二次优化三个阶段。该划分的中心思想是当问题中约束较多且较复杂时，首先将其划分到相应的阶段进行处理，例如调度场景周期内星地可见时间窗口约束，资源（卫星、传感器）可用性、可用时间段约束，成像类型约束，任务成像时长约束，资源观测目标时的侧摆旋转角、光照、太阳高度角等与优化变量不相关的约束，全部都可以在调度预处理阶段进行处理，进而为调度模型提供可行的数据集；而星地观测过程中连续两个观测任务的转换时长、最大消耗能量（单位圈次总观测时长）、最大存储容量（卫星上最大存储数据容量）等取决于优化变量的约束，应该将其放置到模型中。然后，基于构建的数学模型，研究混合数学规划和智能优化的多目标优化算法。最后，由于元启发式算法在求解大规模问题中的不确定性和容易陷入局部最优解等特点，有必要考虑采用一些确定性算法对生成的调度方案可行解进行二次优化。多敏捷卫星联合对地观测调度问题可分为三个阶段进行处理。

第一阶段：一方面，对卫星系统资源及用户需求进行分析，优先处理多星联合对地覆盖过程中只与其静态覆盖性能相关的约束，计算所有满足星地观测需求的可见时间窗口集合，只有当观测需求同时具有可用资源和可用时间，才认为该观测需求可能被完成，需要通过进一步调度来确定其是否被执行及执行该观测需求的卫星和为其分配的成像时间段；另一方面，当任务至少存在一个可见时间窗口且在调度过程中可能被执行时，分析该任务的可见时间窗口区间上的资源争用冲突度，考虑优先安排含有空闲资源的任务，旨在降低问题的搜索空间，提高算法求解效率（具体实现过程将在本书的后续章节进行详细描述）。

第二阶段：在调度预处理结果的基础上，该问题被抽象为只考虑有限资源集合、观测任务集合、星地可见时间窗口集合和调度操作约束的大规模组合优化问题；结合第 5 章提出的多星联合调度规划模型，设计基于优先级和冲突避免的启发式任务选择和观测时间窗口分配策略，进而提出高效的智能优化算法，生成最优或近优可行的调度方案。

第三阶段：如果在第二阶段没能生成最优解，则采用一些确定性方法对生成的调度方案可行解进行二次优化，旨在进一步提高调度方案的性能。

在此基础上，对卫星星座系统的动态应用能力进行评估。

6.2　非线性约束满足优化模型构建

多敏捷卫星联合对地观测调度规划问题可以描述为在 m 个互不相同的遥感设备（资源集合 R）安排 n 个观测任务（活动集 M）。对每个活动 $M_i \in M$，只有资源子集 $R(M_i) \in R$ 可以满足其执行要求，该活动完成需要占用资源 $R_j \in R$，占用时间为 $[\text{Beg}_i, \text{End}_i]$。此外，活动 M_i 在占用资源 R_j 时具有一组互不相交的时间窗口集约束，且只能在其中的一个时间窗口内不中断地执行完成。如果活动 M_i 和活动 $M_{i'}$ 在执行过程中占用同一个资源 R_j，且活动 M_i 在活动 $M_{i'}$ 之前执行，那么活动 M_i 执行完成后，必须经过一个转换时间 $\delta_{i,t_i,i',t_{i'}}^j$，活动 $M_{i'}$ 才能开始执行。因为资源能力及时间的限制，活动可能不能被安排，所以每个活动 M_i 都有权值 w_i，代表该活动安排时的效益值。

一个最优调度方案应满足以下条件。

（1）每个任务都有一个执行时长，且只能在其星地可见时间窗口内被完全执行；否则，认为该任务没有被安排。

（2）每个任务只能占用满足其要求的资源集合中的一个资源，且执行过程不能中断。

（3）每个资源在任何时候只能同时满足一个任务的需求。

（4）每个资源都有最大任务安排量限制，且同一个资源上的不同任务执行序列间都有一个最小资源转换时长约束。

（5）被安排任务的总收益值最大。

为了解决上述提出的复杂非线性组合最优化问题，本章根据多星多任务调度规划特点及各类任务执行操作约束，对各类资源约束、任务约束和操作约束进行抽象，构建针对多星联合调度的非线性满足最优化模型，并在此基础上进一步提出一种大规模复杂约束下的多星联合调度规划智能优化方法。

6.2.1　符号定义

定义如下集合。

M：活动集合。$M = \{M_1, M_2, \cdots, M_n\}$。

R：资源集合。$R = \{R_1, R_2, \cdots, R_m\}$。

$M(R_j)$：所有可以被安排在资源 R_j 上被执行的活动集合。$R_j \in R, M(R_j) \in M$。

$R(M_i)$：满足观测活动 M_i 要求的资源集合。$M_i \in M, R(M_i) \in R$。

TW_{ij}：活动 M_i 占用资源 R_j 是所允许的时间窗口集合。N_{ij} 表示活动 M_i 占用资源 R_j 时所允许的可见时间窗口数目。$\mathrm{TW}_{ij} = \{\mathrm{tw}_{i,j}^1, \cdots, \mathrm{tw}_{i,j}^{N_{i,j}}\}$，$\mathrm{tw}_{i,j}^k = [\mathrm{ws}_{i,j}^k, \mathrm{we}_{i,j}^k]$，$k \in \{1, \cdots, N_{ij}\}$。其中，$\mathrm{ws}_{i,j}^k$ 代表在活动 M_i 占用资源 R_j 时所允许的第 k 个时间窗口开始时间，$\mathrm{we}_{i,j}^k$ 代表活动 M_i 占用资源 R_j 时所允许的第 k 个时间窗口结束时间。

RTW_j：资源 R_j 的有效执行区间段集合，表示资源在哪些时间段内可用。

$$\mathrm{RTW}_j = \{\mathrm{rtw}_j^1, \cdots, \mathrm{rtw}_j^{N_j}\}, \quad \mathrm{rtw}_j^k = [\mathrm{rws}_j^k, \mathrm{rwe}_j^k], \quad k \in \{1, \cdots, N_j\}$$

定义如下参数。

RP_j：表示资源的图像类型。$\mathrm{RP}_j = 1$ 表示可见光成像；$\mathrm{RP}_j = 2$ 表示红外线成像；$\mathrm{RP}_j = 3$ 表示多光谱成像；$\mathrm{RP}_j = 4$ 表示雷达成像。

ϑ_j：表示资源 R_j 的侧摆角速率。

φ_j：表示资源 R_j 的旋转角速率。

$\varDelta_j$：表示资源 R_j 成像前的稳定时长。

A_j：表示资源 R_j 在整个仿真周期内的最大执行时长。

w_i：活动 M_i 的权值。$M_i \in M$，$w_i > 0$。

TD_i：活动 M_i 完成所需要的持续时间。$M_i \in M$，$\mathrm{TD}_i > 0$。

TP_i：活动 M_i 成像所要求的图像类型。$\mathrm{TP}_i = 0$ 表示成像类型无要求；$\mathrm{TP}_i = 1$ 表示可见光成像；$\mathrm{TP}_i = 2$ 表示红外线成像；$\mathrm{TP}_i = 3$ 表示多光谱成像；$\mathrm{TP}_i = 4$ 表示雷达成像。

$\delta^j_{i,t_i,i',t_{i'}}$：任务间最短转换时长。活动 M_i 和活动 $M_{i'}$ 同时被安排且占用资源 R_j，活动 M_i 执行完成后，紧接着继续执行活动 $M_{i'}$ 时的转换时间。$\delta^j_{i,t_i,i',t_{i'}} \geqslant 0$，且 $M_i, M_{i'} \in M$，$R_j \in R(M_i) \bigcap R(M_{i'})$。如果资源 R_j 不能同时满足活动 M_i 与活动 $M_{i'}$ 的要求，则 $\delta^j_{i,t_i,i',t_{i'}} = 0$。

$\mathrm{SC}_{\mathrm{Beg}}$：场景开始时间。

$\mathrm{SC}_{\mathrm{End}}$：场景结束时间。

Beg_i：活动 M_i 的开始执行时间约束。其中，$M_i \in M, \mathrm{Beg}_i \geqslant \mathrm{SC}_{\mathrm{Beg}}$。

End_i：活动 M_i 的执行结束时间约束。其中，$M_i \in M, \mathrm{End}_i \leqslant \mathrm{SC}_{\mathrm{End}}$。

6.2.2　复杂操作约束形式化描述

1. 优化变量

$x^t_{i,k}$：活动 M_i 在执行时占用资源 R_j，执行时所占用的时间窗口为 k，则 $x^t_{i,k} = 1$；否则，$x^t_{i,k} = 0$。其中 $i \in \{1,2,\cdots,n\}$，$j \in \{1,2,\cdots,m\}$，$k \in \{1,2,\cdots,N_{ij}\}$。所有未定义的 $x^t_{i,k}$ 都为 0。

dst_i：表示活动 M_i 被安排时的开始执行时间。

det_i：表示活动 M_i 被安排时的结束执行时间。

α_{i,t_i}：表示活动 M_i 被安排时的旋转角度。

β_{i,t_i}：表示活动 M_i 被安排时的侧摆角度。

2. 优化目标

（1）最大化任务完成总个数，可表示为

$$\max \sum_{M_i \in M} \sum_{R_j \in R(M_i)} \sum_{k \in \{1,2,\cdots,N_{i,j}\}} x^k_{i,j} \tag{6.1}$$

（2）最大化任务执行总效益，可表示为

$$\max \sum_{M_i \in M} \sum_{R_j \in R(M_i)} \sum_{k \in \{1,2,\cdots,N_{i,j}\}} w_i \cdot x^k_{i,j} \tag{6.2}$$

（3）最小化任务执行总能量消耗，可表示为

$$\min \sum_{R_j \in R} \sum_{M_i \in M(R_j)} [|\alpha_{i',t_{i'}} - \alpha_{(i-1)',t_{(i-1)'}}| \cdot \gamma + |\beta_{i',t_{i'}} - \beta_{(i-1)',t_{(i-1)'}}| \cdot (1-\gamma)] \tag{6.3}$$

式中：γ 为权重因子，表明活动被安排时的旋转和侧摆程度。

3. 约束条件

（1）每个任务 M_i 最多只被执行一次，且只能在一个时间窗口内执行，或即使被执

行多次也只计算一次的收益，可表示为

$$\sum_{R_j \in R(M_i)} \sum_{k \in \{1,2,\cdots,N_{i,j}\}} x_{i,j}^k \leq 1 \tag{6.4}$$

（2）资源最大使用时长。该约束用于表示在一个轨道周期或给定时长内的总侧摆次数和开机工作时长不能超过其允许的上限范围，可表示为

$$\sum_{R_j \in R(M_i)} \sum_{k \in \{1,2,\cdots,N_{i,j}\}} \mathrm{TD}_i \cdot x_{i,j}^k \leq A_j \tag{6.5}$$

（3）任务执行时间约束。每个任务都需要被分配在其所属规划时间区间内，该条件多用于表示周期性覆盖或者受光照等约束的应急任务或通信任务中。即，如果 $\sum_{R_j \in R(M_i)} \sum_{k \in \{1,2,\cdots,N_{i,j}\}} x_{i,j}^k = 1$，则

$$\begin{cases} \mathrm{SC}_{\mathrm{Beg}} \leq t_i \leq \mathrm{SC}_{\mathrm{End}} - \mathrm{TD}_i \\ \mathrm{Beg}_i \leq t_i \leq \mathrm{End}_i - \mathrm{TD}_i \end{cases} \tag{6.6}$$

（4）为每个任务分配的观测窗口需要满足成像资源的可用性约束和任务的观测时长约束。在调度过程中，如果为任务 M_i 分配了资源 R_j 及相应的可见时间窗口 $\mathrm{tw}_{i,j}^k$，则该任务的观测时间段必须完全落在分配的可见时间窗口内。该约束可被表示为以下形式。

对于任意的 $M_i \in M$，以及任意的 $R_j \in R(M_i)$，$k \in \{1,2,\cdots,N_{i,j}\}$，如果 $x_{ij}^k = 1$，则

$$\mathrm{ws}_{ij}^k \leq t_i \leq \mathrm{we}_{ij}^k - \mathrm{TD}_i \tag{6.7}$$

（5）同一资源上的连续两个观测任务间的最小转换时长约束。如上述分析可知，卫星在执行任务的过程中，星载传感器的侧摆角和旋转角是随着不同开始执行时间变化的，因此安排在同一资源上相邻的两个任务，需要考虑任务间的最小转换时长，从而使卫星或者星载传感器调整到正确的姿态。因此，同时考虑两个任务的不同执行先后顺序，同一资源上的连续两个观测任务间的最小转化时长约束可以被表示为以下形式。

对于任意的 $R_j \in R$ 和分配在该资源上的任意两个连续观测任务序列 $M_i, M_{i'} \in M(R_j)$，如果 $x_{i,j}^k = 1$ 且 $x_{i',j}^k = 1$ 同时成立，则

$$t_i \geq t_{i'} + \mathrm{TD}_{i'} + \delta_{i,t_i,i',t_{i'}}^j \quad \text{或} \quad t_{i'} \geq t_i + \mathrm{TD}_i + \delta_{i',t_{i'},i,t_i}^j \tag{6.8}$$

（6）成像资源类型选择约束。当任务 M_i 选定资源 R_j 及相应的可见时间窗口 $\mathrm{tw}_{i,j}^k$ 时，必须满足当前情况下资源 R_j 是可用的，并且资源 R_j 对应的载荷图像类型能够满足活动要求的成像类型要求。即，如果 $x_{i,j}^k = 1$，则

$$\mathrm{TP}_i = 0 \quad \text{或} \quad \mathrm{RP}_j = \mathrm{TP}_i \tag{6.9}$$

（7）优化变量取值约束。对于任意的 $M_i \in M$、资源 $R_j \in R(M_i)$ 和所有的 $k \in \{1,2,\cdots,N_{i,j}\}$，有

$$x_{i,j}^k \in \{0,1\} \tag{6.10}$$

6.3　基于优先级和冲突避免的启发式策略

为了合理地安排更多的任务到某个资源和其某个可见时间窗口上,本节定义并提出一些启发式策略去求解有限资源下的多星多任务调度问题中的被观测任务和时间窗口选择。

6.3.1　可见时间窗口特征

由于所有星地可见时间窗口在调度预处理阶段都已经被计算得到,在此基础上,可以根据所有可见时间窗口的分布特性,分析任务被安排能力和每个时间窗口上所有候选观测时间片的资源冲突度。对于某个可见时间窗口 $\mathrm{tw}_{i,j}^k$,从被其他可见时间窗口影响的角度,定义冲突集合、冲突时间片和空闲子区间;可以从当前时间窗口的选择对星上其他任务可见时间窗口的选择的冲突情况,定义冲突度指标。

1. 冲突集合

对于每个可见时间窗口 $\mathrm{tw}_{i,j}^k$, $M_i \in M$, $R_j \in R$,首先计算在考虑任务间转换时长约束下,在相同资源上所有可能与 $\mathrm{tw}_{i,j}^k$ 相互重叠的时间窗口集合,进而定义可见时间窗口 $\mathrm{tw}_{i,j}^k$ 的潜在资源争用冲突时间窗口集合为

$$\begin{aligned}
\mathrm{CS}_{i,j}^k = \{\mathrm{tw}_{i'j}^{k'} \,|\, &\mathrm{tw}_{i'j}^{k'} \in \mathrm{TW}_j, i' \neq i, \\
&[\mathrm{Beg}_{i,j}^k, \mathrm{End}_{i,j}^k] \cap [\mathrm{Beg}_{i',j}^{k'} - \varDelta_{i,i'}^j, \mathrm{End}_{i',j}^{k'} + \varDelta_{i,i'}^j] \neq \varnothing\}
\end{aligned} \tag{6.11}$$

2. 冲突时间片

在考虑任务间转换时长约束下,可见时间窗口 $\mathrm{tw}_{i,j}^k$ 与其冲突集合中所有时间窗口相交的冲突子区间可以表示为

$$\mathrm{CP}_{i,j}^k = \bigcup_{\mathrm{tw}_{i',j}^{k'} \in \mathrm{CS}_{i,j}^k} [\mathrm{Beg}_{i,j}^k, \mathrm{End}_{i,j}^k] \cap [\mathrm{Beg}_{i',j}^{k'} - \varDelta_{i,i'}^j, \mathrm{End}_{i',j}^{k'} + \varDelta_{i,i'}^j] \tag{6.12}$$

3. 空闲子区间

在算得时间窗口 $\mathrm{tw}_{i,j}^k$ 的冲突时间片后,可以进一步计算并判断任务在当前时间窗口上是否还存在一定不会与其他可见时间窗口相交的时间段,即其空闲子区间可以表示为

$$\mathrm{FI}_{i,j}^k = \frac{\mathrm{tw}_{i,j}^k}{\mathrm{CP}_{i,j}^k} \tag{6.13}$$

图 6-1 给出了资源上两个任务与可见时间窗口和观测时间窗口的关系,其中大的空白矩形区域代表可见时间窗口,蓝色阴影部分对应任务 M_i 和 $M_{i'}$ 之间最大转换时长 $\varDelta_{i,i'}^j$,灰色阴影部分就是可见时间窗口 $\mathrm{tw}_{i,j}^k$ 的冲突时间片 $\{\mathrm{CP}_{i,j}^k\}$,剩余的绿色区间就是其空闲子区间 $\mathrm{FI}_{i,j}^k$。

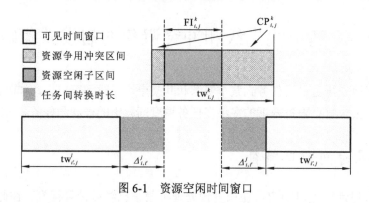

图 6-1　资源空闲时间窗口

4. 冲突度指标

在调度过程中，如果待观测任务是集中分布的，则这些任务的可见时间窗口在一定程度上也是高度重叠的，即当前任务某个时间窗口的选择必然会造成其他很多任务都不能够被执行，如图 6-2 所示，当任务 M_i 选择在可见时间窗口 $\mathrm{tw}_{i,j}^k$ 上被执行时，可能会同时对可见时间窗口 $\mathrm{tw}_{i',j}^l$ 和 $\mathrm{tw}_{i',j}^{l'}$ 都产生影响，并且在计算是否存在冲突影响时，会考虑任务间转换时长约束。此外，因为在整个调度周期内，每个任务可能在多个资源上存在多个可见时间窗口，而最终的观测时间窗口的选择只是其中某个可见时间窗口上的一个小的时间段，所以有必要考虑在调度过程中，如何"合理地"为任务分配最优的观测资源和观测时间段，进而消除该操作对其他任务分配方式的影响，并最大化任务执行总收益。

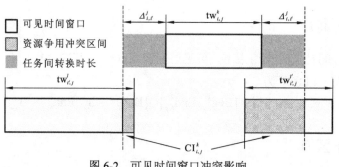

图 6-2　可见时间窗口冲突影响

在整个调度周期内，通过计算同一资源上所有可见时间窗口的并集，可以获得多个有效的可以进行任务分配的连续时间区间，并将其定义为可用时间区间集合 $\mathrm{RTW}_j = \{\mathrm{rtw}_j^1, \mathrm{rtw}_j^2, \cdots, \mathrm{rtw}_j^{l_j}\}$，$l_j$ 是资源 R_j 上可用时间区间的个数。显然，对于所有的可见时间窗口 $\mathrm{tw}_{i,j}^k$，$M_i \in M(R_j), k \in \{1, 2, \cdots, N_{ij}\}$，有 $\mathrm{tw}_{i,j}^k \subset \mathrm{RTW}_j$ 成立。图 6-3（a）是某个调度场景中所有资源上的所有可用时间区间在整个仿真周期内的分布（也是所有任务可以被观测的时间窗口区间集合）。进一步放大调度周期内某一个小的时间段，如图 6-3（a）中矩形框所示，可以得到图 6-3（b）。图 6-3（b）反映了资源上每一个可用时间区间段上的潜在资源争用冲突分布情况，其上所有可见时间窗口的开始结束时间的相交将每个可用时间区间划分成很多个大小不一的小时间片。图中不同颜色反映了每个小时间片上的资源争用程度（conflict degree），即在同一个小的时间片上，最多有多少个任务需要被同时安排执行。该可用时间区间内所有任务可见时间窗口的真实分布情况如图 6-3（c）所示。

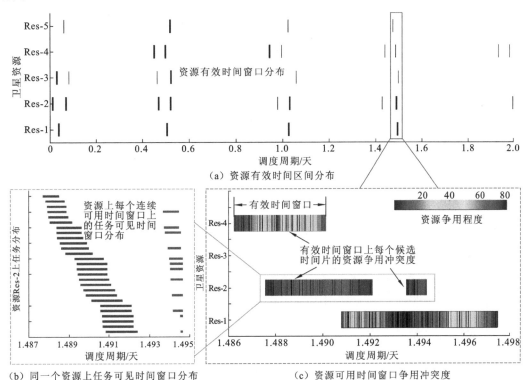

（a）资源有效时间区间分布

（b）同一个资源上任务可见时间窗口分布　　　　　（c）资源可用时间窗口争用冲突度

图 6-3　资源可用时间窗口争用冲突

此时，假设资源上的两个任务在选择观测时间窗口时是相互冲突的（如图 6-1 和图 6-2 所示）。图中较大的空白矩形区域指代任务可见时间窗口，考虑任务间转换时长约束，时间窗口 $\mathrm{tw}_{i,j}^{l}$ 和 $\mathrm{tw}_{i,j}^{l'}$ 上的蓝色阴影部分来源于对时间窗口 $\mathrm{tw}_{i,j}^{k}$ 选择的潜在冲突影响。在此基础上，对于可用时间区间上的每个小的时间片 $\mathrm{tw}_{i,j}^{k,l}$，$l\in\{1,2,\cdots,N_{i,j}^{k}\}$，$\mathrm{tw}_{i,j}^{k,l}\subset\mathrm{tw}_{i,j}^{k}$，进一步定义了 $\mathrm{tw}_{i,j}^{k,l}$ 的冲突时间窗口集合 $\mathrm{CSP}_{i,j}^{k,l}$，表示为

$$\begin{aligned}\mathrm{CSP}_{i,j}^{k,l}=\{\mathrm{tw}_{i'j}^{k'}\mid \mathrm{tw}_{i'j}^{k'}\in\mathrm{CS}_{i,j}^{k},i'\neq i,\\ [\mathrm{Beg}_{i',j}^{k'},\mathrm{End}_{i',j}^{k'}]\bigcap[\mathrm{Beg}_{i,j}^{k,l}-\varDelta_{i,i'}^{j},\mathrm{Beg}_{i,j}^{k,l}+D_{i}+\varDelta_{i,i'}^{j}]\neq\varnothing\}\end{aligned}\tag{6.14}$$

式中：D_{i} 为第 i 个任务的持续时间；$\varDelta_{i,i'}^{j}$ 为共用资源 j 的任务 i 和任务 i' 开始时间的间隔。

与 $\mathrm{CS}_{i,j}^{k}$ 相比，$\mathrm{CSP}_{i,j}^{k,l}$ 是观测时间窗口选择上的更精确的冲突评估指标。此外，定义时间片 $\mathrm{tw}_{i,j}^{k,l}$ 的选择可能造成的潜在任务冲突个数指标 $\mathrm{CIN}_{i,j}^{k,l}$，表示为

$$\mathrm{CIN}_{i,j}^{k,l}=\mid\mathrm{CSP}_{i,j}^{k,l}\mid\tag{6.15}$$

在最大化任务执行总收益中,考虑每个任务被执行后的收益值不同及时间片 $tw_{i,j}^{k,l}$ 的选择对其他可见窗口的影响程度,定义了考虑任务权重的冲突影响指标 $CIW_{i,j}^{k,l}$,表示为

$$CIW_{i,j}^{k,l} = \sum_{tw_{i',j}^{k'} \in CSP_{i,j}^{k,l}} w_{i'} \cdot \frac{|[Beg_{i',j}^{k'}, End_{i',j}^{k'}] \cap [Beg_{i,j}^{k,l} - \Delta_{i,i'}^{j}, Beg_{i,j}^{k,l} + D_i + \Delta_{i,i'}^{j}]|}{\sum_{R_j \in R(M_{i'})} \sum_{tw_{i',j}^{k'} \in TW_{i',j}} (End_{i',j}^{k'} - Beg_{i',j}^{k'})} \tag{6.16}$$

对于每个任务的所有可见时间窗口集合,计算可见时间窗口上每个小时间片的选择对其他任务的时间窗口选择的冲突影响指标 $CIN_{i,j}^{k,l}$ 和 $CIW_{i,j}^{k,l}$ 。图 6-4 给出了任务在资源上的三个可见时间窗口上每个观测时间片选取时所造成的冲突影响变化规律,图 6-4(a)是基于考虑受到冲突影响下任务个数指标 $CIN_{i,j}^{k,l}$ 给出的,图 6-4(b)是考虑任务执行收益下受到冲突影响任务总收益的变化指标 $CIW_{i,j}^{k,l}$ 给出的。每个图中的横坐标表示时间(单位:天),纵坐标表示冲突影响值(用实数表示)。 $CIN_{i,j}^{k,l}$ 和 $CIW_{i,j}^{k,l}$ 的值越大,表明时间片 $tw_{i,j}^{k,l}$ 的选择会造成的冲突影响越大。很明显 $CIW_{i,j}^{k,l}$ 的计算复杂度远远高于 $CIN_{i,j}^{k,l}$ 的计算复杂度,但是在最大化任务总收益目标函数中, $CIW_{i,j}^{k,l}$ 指标的定义更加精确,作用也更明显。

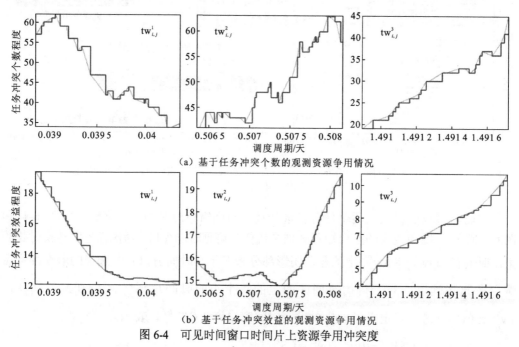

图 6-4　可见时间窗口时间片上资源争用冲突度

6.3.2　观测任务选择策略

原则上,如果待观测任务具有较多的观测时间窗口和较大的观测时长,待观测任务很容易被调度。在上述冲突指标定义基础上,进一步描述任务选择的复杂度,任务 M_i 的被安排灵活度(assignment flexibility)可以被定义为

$$\text{FL}_i = \frac{\sum\limits_{R_j \in R(M_i)} \sum\limits_{\text{tw}_{i,j}^k \in \text{TW}_{i,j}} (\text{End}_{i,j}^k - \text{Beg}_{i,j}^k)}{D_i} \tag{6.17}$$

该值反映了任务被观测时间选择机会，FL_i 越大表明任务越容易被安排执行。显然，当一个任务具有较高的执行收益 w_i、较小的安排灵活度选择 FL 和较小的冲突影响指标，则该任务应该优先被考虑执行。在考虑这些指标下，任务 M_i 的被安排优先级可定义为

$$\begin{cases} \text{PLN}_i = \dfrac{w_i}{\text{FL}_i} \cdot \dfrac{1}{\min\{\text{CIN}_{i,j}^{k,l}\}} \\ \text{PLW}_i = \dfrac{w_i}{\text{FL}_i} \cdot \dfrac{1}{\min\{\text{CIW}_{i,j}^{k,l}\}} \end{cases} \tag{6.18}$$

当任务间存在资源争用冲突时，指标 PLN_i 和 PLW_i 被用于选择一个合适的观测任务，且 PLN_i 和 PLW_i 的值越大，表明任务 M_i 具有越高的被安排优先级。

6.3.3　观测时间窗口选择策略

对于任务观测时间窗口的选择，将时间片选择造成的冲突影响指标定义为

$$\begin{cases} \text{TNS}_i = \min\{\text{CIN}_{i,j}^{k,l}\} \\ \text{TWS}_i = \min\{\text{CIW}_{i,j}^{k,l}\} \end{cases} \tag{6.19}$$

这两个值不仅反映了资源上可用时间区间的任务分配灵活性，同时也指出了观测时间窗口选择机会。TNS_i 和 TWS_i 的值越小，观测时间片 $\text{tw}_{i,j}^{k,l}$ 被选择的机会越大。

6.4　智能优化调度规划方法

本节通过分析调度场景中所有任务可见时间窗口的分布，资源有效性和时间窗口选择冲突度指标，提出多种基于优先级的冲突避免的启发式策略（观测任务选择策略和观测时间窗口选择策略）消除调度过程中的资源争用冲突。在此基础上，提出两阶段启发式方法。第一阶段主要涉及任务观测序列的确定和调度规划方案可行解的生成，并基于此，提出基于时间的贪婪（time-base greedy）算法，基于权重的贪婪（weight-based greedy）算法和一种改进的差分进化（improved differential evolutionary）算法。第二阶段，旨在对生成的可行解进行进一步的优化，从而尽量避免上一阶段生成的可行解陷入局部最优。

6.4.1　基于时间的贪婪算法

根据第 5 章的分析结果，调度预处理操作是为了生成所有任务的可见时间窗口集合，初始化操作是为了计算每个时间窗口的冲突指标。首先安排所有具有空闲时间区间的任

务，即对于任意的 M_i，如果存在 $R_j \in R, k \in \{1,2,\cdots,N_{i,j}^k\}$，满足 $|FI_{i,j}^k| \geqslant D_i$，则直接将任务 M_i 分配到资源 R_j 上空闲子区间 $FI_{i,j}^k$ 的任意时间段上执行。与此同时，依次从调度场景中移除满足上述要求的观测任务和其所有对应的可见时间窗口集合。其次，有两种策略调度剩余的任务。

（1）针对所有资源上最早可用时间，选择并依次分配当前最早可以被观测的任务到指定资源的最早可用时间上，直到所有任务都被分配或者所有资源上都没有空闲可用时间窗口为止。

（2）针对每个资源 R_j 上所有可用时间区间集合 RTW_j，在所有剩余任务 $M(R_j)$ 中，依次安排每个可用时间区间 RTW_j^l 上的最早开始执行任务，直到所有任务都被分配或者所有资源上都没有空闲可用时间窗口为止。这两种策略中均考虑了任务间最小转换时长约束。算法实现过程如下所示。

算法 1　基于时间的贪婪算法

---

1. 初始化，创建场景（R, M, TW）

2. 调度预处理（计算每个可见时间窗口的 CS、CP 和 FI 指标）

3. while $\exists FI_{i,j}^k \geqslant D_i$

4. 　　安排任务 M_i 到资源 R_j 的空闲时间区间 $FI_{i,j}^k$ 上

5. 　　从场景中移除任务 M_i 及其对应的所有可见时间窗口

6. 　　更新剩余可见时间窗口的 CS、CP 和 FI 指标

7. End while

8. while 存在空闲资源

9. 　　对于策略 1，根据所有资源的最早可用时间尽早安排某个任务

10. 　　对于策略 2，根据每个资源上可用时间片的最早开始时间尽早安排某个任务

11. 　　更新资源可用时间区间

12. End while

13. 输出调度方案可行解

6.4.2　基于权重的贪婪算法

显然，基于时间的贪婪算法并没有考虑任务被安排的收益值及每个任务都可能被分派到多个资源的多个时间窗口上执行的情况。因此，在考虑任务各个可见时间窗口的冲突指标下，一些任务可能更适合于被安排在稍后的某个可见时间窗口中执行，从而获得更高的目标总收益值。在基于权重的贪婪算法中，基于观测任务选择策略，任务除当前可见时间窗口外，剩余可被观测机会和安排在后续时间窗口上造成的冲突影响共同决定了任务被执行的优先级；基于观测时间选择策略，最小冲突度的观测时间片也将被相应分配。

　　预处理和初始化操作与基于时间的贪婪算法相同，在调度过程中，同样有两种策略分配剩余的任务。

　　（1）依据 PLN_i 和 TNS_i 指标，依次优先分配当前所有任务中优先级 PLN_i 最高的任务和冲突指标 TNS_i 最小的观测时间窗口，直到所有任务都被分配或者所有资源上都没有空闲可用时间窗口为止。

　　（2）依据 PLW_i 和 TWS_i 指标，依次优先分配当前所有任务中优先级 PLW_i 最高的任务和冲突指标 TWS_i 最小的观测时间窗口，直到所有任务都被分配或者所有资源上都没有空闲可用时间窗口为止。算法实现过程如下所示。

算法 2　基于权重的贪婪算法

1．初始化，创建场景（R，M，TW）

2．调度预处理（计算每个可见时间窗口的 CS、CP 和 FI 指标）

3．while $\exists FI_{i,j}^k \geq D_i$

4．　安排任务 M_i 到资源 R_j 的空闲时间区间 $FI_{i,j}^k$ 上

5．　从场景中移除任务 M_i 及其对应的所有可见时间窗口

6．　更新剩余可见时间窗口的 CS、CP 和 FI 指标

7．End while

8．while 存在空闲资源

9．　对于策略 1，首先计算冲突指标 CIN，再根据最大值 PLN_i 安排任务 M_i 并按照最小值 $TNS_{i,j}^k$ 选择任务观测时间窗口

10．　对于策略 2，首先计算冲突指标 CIW，再根据最大值 PLW_i 安排任务 M_i 并按照最小值 $TWS_{i,j}^k$ 选择任务观测时间窗口

11．　更新资源可用时间区间

12．End while

13．输出调度方案可行解

6.4.3　改进的差分进化算法

　　差分进化算法是一种用于最优化问题的后设启发式算法，是一种基于实数编码的具有保优思想的贪婪遗传算法。在已有相关工作中，大量研究表明差分进化算法是一种性能非常好的元启发式方法，主要用于求解实数编码的优化问题。涉及问题庞大的搜索空间、可行解的分布特性和最优解的收敛能力，在上述提到的基于优先级和冲突避免的启发式策略的基础上设计改进的差分进化算法去求解多星联合调度规划问题。个体中每个基因位编码为一个任务的执行状态（包括任务属性、是否被安排执行、被安排的观测资源和观测时间窗口），种群中的每个个体对应一个调度可行解。改进的差分进化算法实现流程如图 6-5 所示。

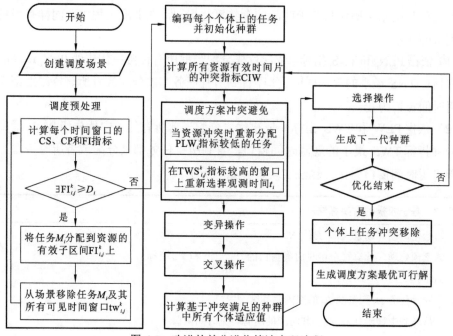

图 6-5　改进的差分进化算法实现流程

在演化的过程中，算法中涉及的几项重要操作如下。

1. 初始化

种群中个体的初始化主要分为两个方面：①将通过上述提到的几种贪婪算法得到的可行解对个体中的部分任务进行编码，调度方案中未能完成的剩余任务则在其可见时间窗口集中随机选择进行编码；②首先对拥有空闲时间区间的任务进行编码，其次为剩余的任务在其所有可见时间窗口中随机选择进行编码。

2. 冲突消除

显然，在对种群中个体编码的时候，每个个体中任务间可能会存在操作冲突（不同任务占用相同资源上的时间窗口相互重叠）。因此，在对演化过程每一代中的个体进行适应度函数操作之前，采用个体冲突移除策略，依次计算并移除当前状态下个体中造成冲突影响最大的任务，直到个体满足所有的操作约束。

3. 冲突避免

在优化的过程中，如果个体中某两个任务存在资源争用冲突，则首先计算任务的冲突指标 PLW_i 和 $TWS_{i,j}^k$，保留两个任务中 PLW_i 值较大的任务，并根据 $TWS_{i,j}^k$ 值为另一个任务重新分配观测资源和观测时间窗口。

4. 变异算子

变异算子旨在增大种群的多样性，从而获得更多的可行解。在整个演化的过程中，基因位变异概率值随着迭代次数从一个较大值 mr_1 减小到一个较小值 mr_2。在个体上随机生成一个区间，并对该区间上的每个基因按照变异概率值随机选择新资源和新观测时间窗口，对于每个基因位，如果该任务与个体中其他任务冲突，则具有较大的变异概率 $2mr$，否则所有基因位都按照图 6-6 所示的过程进行变异。新生成的个体也被添加到当前种群中。该策略可以有效地探索当前解基础上的邻域可行解，有助于改进问题的局部搜索能力，从而获得比当前解更优的可行解。

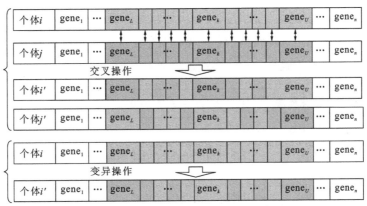

图 6-6　改进差分进化算法交叉变异操作

5. 交叉算子

交叉算子旨在交换两个个体间某一段连续子区间上的任务执行状态，进而增加解的多样性。与变异算子类似，基因位交叉变异概率值随着迭代次数从一个较大值 cr_1 减小到一个较小值 cr_2。在个体上随机生成一个区间，并对两个个体在该区间上的多个基因位都可能按照交叉概率值进行交换，对于每个基因位，如果该任务与个体中其他任务冲突，则具有较大的交叉概率 $2cr$，否则所有基因位都按照 $cr = (cr_1 - cr_2) \cdot (gen - k) / gen + cr_2$ 概率值交叉，其中 gen 为最大演化代数，k 为当前代数，如图 6-6 所示。两个新生成的个体也被添加到当前种群。该机制可以有效地阻止算法过早地陷入局部最优解，进而增加问题的全局搜索能力。

6. 适应度函数

适应度函数用于评估种群中所有个体的收益值。在优化的过程中，根据启发式策略中的最优任务 PLW_i 和观测时间窗口选择策略 $TWS_{i,j}^k$ 分别为每个任务分配资源。结果使每个个体因为任务执行状态间可能存在相互冲突而不对应一个可行解。因此按照冲突消除策略，依次移除个体中造成冲突影响最大的任务，直到该个体满足模型中的所有操作约束。个体的适应度函数值也是在生成的可行解的基础上计算得到的，该值对应于可行解中被安排任务总个数或者总收益。该操作在移除冲突任务时只是对任务做了标记，而并没有真正改变种群中每个个体的基因位的编码，因此该操作实际上可被看作一种前瞻性评估策略，用来确切地反映个体中任务的优先级和个体的有效性。

7. 选择算子

通过计算种群中每个个体的适应值，在每一代结束时按照个体适应度函数值的大小在所有生成的候选个体中选择最优的 pop 个个体作为下一代的初始种群。在选择时，采用锦标赛（tournament）选择机制对种群进行选择。

重复该演化操作直到优化时间超过最大优化时间限制或者演化代数超过最大演化代数限制。在演化末期，选择种群中适应度函数值最大的个体作为调度方案的最优可行解，同时验证可行解的正确性。算法实现过程如下所示。

算法 3   改进的差分进化算法

---

1. 初始化，创建场景（R, M, TW）
2. 调度预处理（计算每个可见时间窗口的 CS、CP 和 FI 指标）
3. while $\exists FI_{i,j}^k \geqslant D_i$
4.   安排任务 M_i 到资源 R_j 的空闲时间区间 $FI_{i,j}^k$ 上
5.   从场景中移除任务 M_i 及其对应的所有可见时间窗口
6.   更新剩余可见时间窗口的 CS、CP 和 FI 指标
7. End while
8. 种群初始化。根据贪婪算法得到的可行解安排剩余的任务；为所有剩余的任务随机安排观测资源和观测时间窗口
9. while 优化未结束
10.   计算所有候选时间窗口的冲突指标 CIW_i、PLW_i 和 $TWS_{i,j}^k$
11.   对于所有个体，执行冲突避免操作，为冲突的任务重新分配资源安排观测时间窗口
12.   执行变异算子和交叉算子
13.   对于每个个体，在冲突消除的基础上计算个体的适应度值，评价种群中的所有个体
14.   执行选择算子，生成下一代种群
15. End while
16. 种群中个体冲突移除和解的可行性验证
17. 输出调度方案最优可行解

6.4.4　调度方案改进策略

很明显，由贪婪算法和元启发式方法在某些算例上并不能求得问题的最优解，得到的解仍然可能是局部最优解或者能够进一步被优化的解。因此，为了使上述算法上优化得到的最优可行解能够进一步逼近问题的最优解，本小节分析资源利用率，如果资源上仍然存在空闲时间窗口，则通过调整可行调度方案中已经安排好的任务，尝试为因为资源冲突而没有被安排的任务重新分配观测资源和时间窗口，如图 6-7（a）所示。根据所有任务可见时间窗口和已安排的观测时间窗口在整个仿真周期内的时间分布特性，提出两种对当前调度可行解的改进方法。

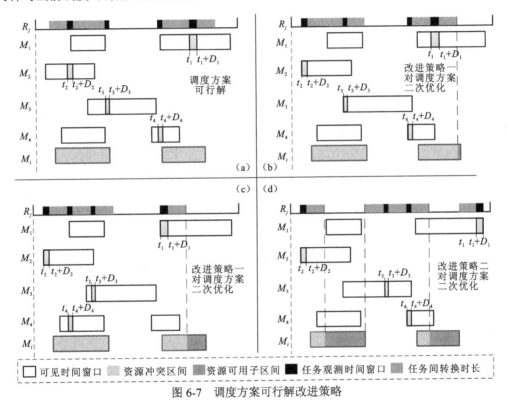

图 6-7　调度方案可行解改进策略

1. 改进策略一

移动所有已经被分配任务的观测时间窗口使其能够在当前资源空闲时间窗口[可以是同一个可见时间窗口，如图 6-7（b）所示；也可以是不同时间窗口，如图 6-7（c）所示]上尽早被执行，使所有已被分配的任务紧密排列，然后将所有未安排的任务按照其优先级进行排序，尝试直接优先安排未完成任务到空闲资源上，直到所有未完成任务都被重新安排或者资源上不再存在空闲时间区间。

2. 改进策略二

将所有未安排的任务按照其优先级进行排序。对于一个未被安排执行的任务 M_i 上的某个可见时间窗口，找出所有与当前任务 M_i 冲突的任务集合 $M_{i'}$，并调整已分配任务时间窗口的观测时间。该策略旨在尽量将已分配的观测时间窗口区间 $[t_{i'}, t_{i'} + D_{i'}]$ 从当前任务 M_i 的可见时间区间上移除，如图 6-7（d）所示。重复该过程，直到所有未完成任务都被重新安排或者资源上不再存在空闲时间区间。

6.5 数值仿真分析

6.5.1 测试实例

为了详细分析上述提到的基于时间和权重的贪婪算法和改进的差分进化算法，本小节根据资源有效利用率和观测任务冲突度设计多种类型测试实例，每个测试实例都是一个指定调度周期上有效资源集、观测任务需求集、星地可见时间窗口集的组合。场景采用当前在轨的 5 颗卫星：SPOT-5、MTI、ORBVIEW-3、IKONOS-2 和 EO-1。卫星位于太阳同步近圆轨道上，卫星轨道基本信息见表 6-1。卫星平均每天绕地球运行 15 圈。假设每个资源上的星载传感器最大可视角为 2°，最大侧摆角为 30°。除此之外，考虑待观测任务的不同分布特性，设计不同程度资源争用特性下的观测任务集合，分别如下：

（1）所有被观测的点目标在地球表面上随机分布；

（2）所有被观测的点目标集中分布在多个重点观测区域内。

表 6-1 卫星轨道基本信息

卫星国际编号	卫星名称	所属国家和组织	发射时间
2002-021A	SPOT-5	法国	2002 年
2000-014A	MTI	美国	2000 年
2003-030A	ORBVIEW-3	美国轨道成像公司	2003 年
1999-051A	IKONOS-2	美国空间成像公司	1999 年
2000-075A	EO-1	美国	2000 年

在每个测试实例中，任务观测时长 D_i 被定义为[3, 10]上随机生成的整数，任务观测收益 w_i 被定义为[1, 10]上随机生成的整数，当优化目标为最大化任务完成个数时，单个任务的观测收益不被考虑。假定场景调度起始时间为 2016-6-1 06:00:00，调度时长为 24 h、36 h 或 48 h。通过组合不同的资源集合和观测任务集合，所有生成的测试实例信息如表 6-2 所示，表 6-2 中 $\sum w_i$ 是所有任务的权重总和。

表 6-2　测试实例

实例	周期	$\lvert R \rvert$	$\lvert M \rvert$	$\sum w_i$	实例	周期	$\lvert R \rvert$	$\lvert M \rvert$	$\sum w_i$
1-1	24 h	1	30	170	3-3	24 h	3	300	1 767
1-2	24 h	1	40	238	3-4	24 h	3	400	2 374
1-3	24 h	1	70	408	3-5	24 h	3	500	2 985
1-4	24 h	1	45	273	4-1	24 h	5	200	1 223
2-1	24 h	2	45	273	4-2	24 h	5	250	1 491
2-2	24 h	2	80	457	4-3	24 h	5	300	1 767
2-3	24 h	2	165	968	4-4	24 h	5	400	2 374
2-4	24 h	2	76	457	4-5	24 h	5	500	2 985
2-5	24 h	2	100	606	4-6	36 h	5	400	2 374
2-6	24 h	2	200	1 195	4-7	36 h	5	500	2 985
3-1	24 h	3	200	1 223	4-8	48 h	5	400	2 374
3-2	24 h	3	250	1 491	4-9	48 h	5	500	2 985

场景中每个待观测任务都至少存在一个可见时间窗口，所有星地可见时间窗口在调度预处理阶段就已经被计算得到，且被验证可用资源是局限的，并不能完成所有待观测任务。

6.5.2　优化结果

如表 6-3 所示的计算结果分别给出了本书所提出的基于时间和基于权重的贪婪算法及改进的差分进化算法在最大化任务完成总个数和最大化任务完成总收益下的最优优化结果。将种群中个体个数设置为 50，改进差分进化算法的最大迭代次数为 Gen =100，算法最大计算时长限制为 12 h，算法在任意一个条件不满足的情况下将终止继续优化。考虑在优化过程中，个体中任务冲突度会随着迭代次数逐渐减小，因此交叉和变异概率都会随着演化代数逐渐减小，算法中变异概率值为 $mr_1 = 0.5$、$mr_2 = 0.2$，交叉概率值为 $cr_1 = 0.5$、$cr_2 = 0.1$，并且由于冲突任务的交叉变异概率与常规任务不同，所以交叉和变异概率的最大值都为 0.5；变异概率的变化速度比交叉概率的变化速度小，有助于只移除单个个体中资源争用冲突度较大的任务，从而只为冲突度指标较高的任务重新分配观测资源。在最大化任务完成总个数和最大化任务完成总收益下的最优优化结果分别如表 6-3 和表 6-4 所示。表中 UB 和 Opt.分别代表该测试实例下由本书提出的改进 MILP 模型求得的问题最优"紧缺"上界和最优可行解。第 4～13 列所示结果是由本章提出的基于时间和基于权重的贪婪算法及改进的差分进化算法得到的最优解与该算例最优上界之间的间隙（gap）。gap 值越小表明所得到的可行解越好。如果所给出的结果中 gap 值为 0.00%，表明在当前算例上计算得到了问题算例的最优解。对于所有测试实例，改进的差分进化算法在每一组测试实例上都被独立运行 10 次，由于在 10 次独立运行后，改进的差分进化算法几乎在所有的测试实例上的 10 次运行得到的最优值都一样（在最大化任务完成总个数目标下，10 组运行结果中，最大差别是在测试实例 4-8 上，结果最大差别为 0.32%；在最大化任务完成总收益目标下，10 组运行结果中，最大差别是在测试实例 4-6 上，结果最大差别为 0.30%）。每种优化方法在所有测试集上的最差优化结果用粗体标记，此外，表 6-3 和表 6-4 也给出了每种优化方法在所有给出的测试算例上的平均最优化结果值，反映了算法的平均应用效能。

表 6-3　最大化任务执行个数优化结果

实例	UB	Opt.	最优解和问题解上界的间隙									
			基于时间的贪婪算法				基于权重的贪婪算法				改进的差分进化算法	
			策略 1		策略 2		策略 1		策略 2			
			Imp1	Imp2	Imp1	Imp2	Imp1	Imp2	Imp1	Imp2	Imp1	Imp2
1-1	21	21	**9.52%**	**9.52%**	4.76%	4.76%	**9.52%**	**9.52%**	0.00%	0.00%	0.00%	0.00%
1-2	27	27	7.41%	3.70%	7.41%	3.70%	3.70%	3.70%	0.00%	0.00%	0.00%	0.00%
1-3	34	34	0.00%	0.00%	0.00%	0.00%	2.94%	2.94%	5.88%	5.88%	0.00%	0.00%
1-4	41	41	4.88%	4.88%	2.44%	2.44%	4.88%	4.88%	2.44%	2.44%	0.00%	0.00%
2-1	45	45	2.22%	0.00%	2.22%	0.00%	0.00%	0.00%	0.00%	0.00%	0.00%	0.00%
2-2	71	71	2.82%	2.82%	2.82%	2.82%	5.63%	4.23%	4.23%	4.23%	0.00%	0.00%
2-3	104	104	6.73%	1.92%	1.92%	0.96%	4.81%	2.88%	2.88%	2.88%	0.96%	0.00%
2-4	59	57	7.02%	1.75%	**10.53%**	5.26%	1.75%	1.75%	0.00%	1.75%	0.00%	0.00%
2-5	69	68	7.35%	2.94%	4.41%	4.41%	5.88%	5.88%	2.94%	1.47%	0.00%	0.00%
2-6	68	68	0.00%	0.00%	0.00%	2.94%	1.47%	1.47%	0.00%	0.00%	0.00%	0.00%
3-1	155	155	6.45%	5.16%	6.45%	5.81%	5.16%	5.16%	3.23%	2.58%	1.29%	1.29%
3-2	176	176	6.82%	4.55%	7.95%	5.11%	6.25%	5.11%	5.68%	5.11%	1.14%	1.14%
3-3	196	196	8.16%	5.10%	8.67%	5.61%	6.63%	4.08%	3.57%	3.57%	2.04%	1.02%
3-4	163	163	8.59%	8.59%	7.36%	6.13%	4.29%	3.68%	3.07%	3.07%	1.84%	1.23%
3-5	177	177	7.91%	7.91%	9.04%	**7.34%**	5.65%	5.08%	5.08%	4.52%	2.82%	1.69%
4-1	188	188	5.85%	4.26%	6.91%	4.26%	4.79%	2.66%	1.60%	1.60%	1.60%	1.60%
4-2	221	221	7.24%	4.98%	7.69%	5.88%	6.33%	6.33%	3.62%	3.62%	2.26%	1.36%

续表

实例	UB	Opt.	最优解和问题解上界的间隙									
			基于时间的贪婪算法				基于权重的贪婪算法				改进的差分进化算法	
			策略 1		策略 2		策略 1		策略 2			
			Imp1	Imp2	Imp1	Imp2	Imp1	Imp2	Imp1	Imp2	Imp1	Imp2
4-3	248	247	6.48%	4.45%	6.07%	5.26%	5.67%	4.86%	3.24%	2.83%	2.02%	1.21%
4-4	223	222	6.76%	5.86%	6.31%	4.50%	4.95%	4.50%	1.80%	1.35%	1.35%	1.35%
4-5	242	241	7.05%	6.22%	8.30%	6.22%	4.98%	4.56%	4.15%	4.56%	2.90%	1.66%
4-6	309	302	8.61%	5.63%	7.62%	6.29%	4.30%	4.64%	3.64%	2.98%	2.65%	0.66%
4-7	338	330	7.88%	5.45%	9.09%	4.55%	4.55%	4.85%	3.33%	3.03%	**3.03%**	1.21%
4-8	317	313	8.31%	4.79%	8.31%	5.11%	4.47%	4.15%	2.56%	1.92%	0.96%	0.32%
4-9	356	348	8.91%	6.61%	10.06%	4.60%	4.89%	4.89%	3.16%	2.87%	2.87%	**1.72%**
平均			6.37%	4.46%	6.10%	4.33%	4.73%	4.24%	2.75%	2.59%	1.24%	0.73%

表 6-4　最大化任务执行总收益优化结果

实例	UB	Opt.	最优解和问题解上界的间隙									
			基于时间的贪婪算法				基于权重的贪婪算法				改进的差分进化算法	
			策略 1		策略 2		策略 1		策略 2			
			Imp1	Imp2	Imp1	Imp2	Imp1	Imp2	Imp1	Imp2	Imp1	Imp2
1-1	134	134	22.39%	22.39%	11.19%	11.19%	2.99%	2.99%	3.73%	3.73%	0.00%	**0.00%**
1-2	187	187	9.09%	15.51%	13.37%	9.63%	6.42%	6.42%	4.28%	4.28%	0.00%	**0.00%**
1-3	260	260	18.85%	18.85%	24.23%	24.23%	5.77%	6.54%	2.31%	2.31%	0.00%	**0.00%**
1-4	257	257	5.84%	9.34%	6.61%	6.61%	5.84%	5.84%	2.33%	2.33%	0.00%	**0.00%**
2-1	273	273	3.30%	3.30%	2.56%	**0.00%**	2.56%	2.56%	**0.00%**	**0.00%**	0.00%	**0.00%**
2-2	422	422	10.66%	9.24%	5.69%	5.92%	2.37%	2.13%	1.18%	0.24%	**0.00%**	**0.00%**
2-3	709	709	21.72%	16.64%	15.51%	14.10%	4.80%	4.51%	2.96%	3.10%	0.99%	0.56%
2-4	400	394	18.27%	12.44%	19.04%	13.45%	3.81%	4.82%	3.81%	4.82%	1.02%	0.76%
2-5	480	477	19.50%	14.26%	16.77%	16.98%	6.29%	5.03%	3.35%	3.35%	1.05%	0.63%
2-6	564	564	**26.95%**	**26.95%**	27.66%	27.84%	3.55%	3.90%	2.48%	2.48%	0.53%	0.35%
3-1	1 019	1 018	11.69%	11.20%	12.18%	11.30%	5.99%	4.81%	2.85%	2.55%	1.28%	1.28%
3-2	1 150	1 150	12.70%	11.13%	12.78%	10.26%	8.35%	6.78%	3.91%	3.65%	**2.61%**	1.30%

续表

实例	UB	Opt.	最优解和问题解上界的间隙									
			基于时间的贪婪算法				基于权重的贪婪算法				改进的差分进化算法	
			策略 1		策略 2		策略 1		策略 2			
			Imp1	Imp2	Imp1	Imp2	Imp1	Imp2	Imp1	Imp2	Imp1	Imp2
3-3	1 286	1 282	16.46%	12.32%	14.82%	11.62%	6.79%	4.76%	2.26%	1.95%	0.70%	0.70%
3-4	1 195	1 195	27.53%	27.62%	25.36%	23.60%	9.46%	9.21%	3.68%	4.27%	2.01%	1.67%
3-5	1 302	1 301	26.52%	26.52%	27.29%	26.29%	**10.15%**	**9.92%**	5.00%	**4.46%**	1.61%	1.61%
4-1	1 177	1 177	7.90%	6.54%	8.84%	6.80%	4.76%	3.23%	1.87%	1.70%	1.10%	1.10%
4-2	1 373	1 368	10.01%	7.53%	9.80%	7.75%	6.58%	5.34%	2.78%	2.85%	2.27%	1.46%
4-3	1 554	1 549	11.30%	9.49%	10.52%	9.23%	6.91%	6.46%	3.03%	3.03%	1.81%	1.55%
4-4	1 581	1 573	22.63%	21.68%	21.23%	19.52%	8.33%	6.68%	**4.32%**	3.43%	2.29%	1.84%
4-5	1 744	1 738	22.73%	22.21%	24.97%	22.04%	9.55%	8.98%	4.26%	3.39%	2.30%	**1.96%**
4-6	1 980	1 945	16.14%	12.96%	14.14%	11.77%	5.24%	4.88%	1.80%	1.54%	1.08%	0.41%
4-7	2 281	2 246	20.35%	16.56%	18.88%	16.25%	6.95%	6.63%	2.14%	2.14%	1.47%	1.11%
4-8	2 023	2 006	15.50%	11.81%	14.76%	10.87%	4.94%	4.34%	1.74%	1.20%	1.40%	0.90%
4-9	2 375	2 338	19.08%	15.40%	19.59%	14.33%	5.90%	5.39%	2.27%	2.52%	1.54%	1.15%
平均			16.55%	15.08%	15.74%	13.82%	6.01%	5.51%	2.85%	2.72%	1.13%	0.85%

如表 6-3 所示，通过比较最大化任务完成总个数目标下各个优化算法的计算性能，可以得到以下结论。

（1）改进的差分进化方法和第二种调度可行解改进算法（DE+Imp2，Imp2 为改进策略 2）在所有测试实例上都得到了最优可行解并表现出了较高的算法性能，并且在剩余的测试实例上同样在有限的计算时间内优化得到了非常好的最优解（最差情况下，优化得到的近优可行解和问题的上界间的 gap 仅为 1.72%）。该算法在测试实例 1-1、1-2、1-3、1-4、2-1、2-2、2-3、2-4、2-5 和 2-6 上都优化得到了问题的最优解。和 DE+Imp2 算法计算结果相比，算法 DE+Imp1（Imp1 为改进策略 1）在测试实例 1-1、1-2、1-3、1-4、2-1、2-2、2-4、2-5、2-6、3-1、3-2、4-1 和 4-4 上都计算得到了相同的最优或近似最优解，且在剩余的测试实例上得到了非常接近于问题解的上界的可行解。

（2）和基于时间的贪婪算法相比，基于权重的贪婪算法在所有给出的测试实例上都表现出了显著的效果，这两种贪婪算法都可以在少数规模较小的测试实例上优化得到问题最优解。由于基于时间的贪婪算法优化得到的可行解中所有任务在执行时紧密排布，观测资源或者待观测任务集有一个较小的扰动，都会对可行解中所有的任务安排策略有影响，表现出了较差的可行解的鲁棒性能。基于权重的贪婪算法中，采用第二种观测任务选择 PLW_i 和观测时间窗口选择 $TWS_{i,j}^k$ 策略比第一种观测任务选择 PLN_i 和观测时间窗口选择 $TNS_{i,j}^k$ 策略的指标计算较复杂，但优化结果表现出了较优的性能。

（3）随着测试集复杂度的增加，尤其是当待观测任务集中分布时，可用资源很大程度上将会过度竞争，任务潜在被安排的机会也是更加复杂的（每个任务带有多个可观测时间窗口，且每个时间窗口的可见时长远远大于任务实际的观测约束时长）。在最差情况下，DE+Imp2 算法在测试实例 4-9 上优化得到的最优可行解和问题的上界间的 gap 为 1.72%，而由于贪婪算法在进行任务分配的过程中并没有过度依赖问题中任务的搜索空间复杂度，所以该算法在所有测试集上所得到的问题最优解并没有表现出明显的特性，只是运行时间会随着问题规模的增长几乎呈二次指数增长。

如表 6-4 所示，通过比较最大化任务完成总收益目标下各个优化算法的计算性能，可以得到以下结论。

（1）改进的差分进化方法和第二种调度可行解改进算法（DE+Imp2）在所有测试实例上都得到了最优可行解并表现出了显著的算法性能。算法在测试实例 1-1、1-2、1-3、1-4、2-1、2-2 上都优化得到了问题的最优解，并且在剩余的测试实例上同样在有限的计算时间内优化得到了非常好的最优解（最差情况下，优化得到的近优可行解和问题的上界间的 gap 仅为 1.96%）。和 DE+Imp2 算法计算结果相比，算法 DE+Imp1 在测试实例 1-1、1-2、1-3、1-4、2-1、2-2、3-1、3-3、3-5 和 4-1 上都计算得到了相同的最优或近似最优可行解，且在剩余的测试实例上得到了非常接近于问题解的上界的可行解。

（2）考虑被分配任务的总收益值，显然基于时间的贪婪算法几乎在所有测试实例上都表现出了最差的算法性能，当前目标下该算法求得的问题可行解同样具有较差的鲁棒性。除此之外，基于权重的贪婪算法同样在部分规模较小的测试实例上能够优化得到问题的最优解，且由于采用第二种观测任务选择策略和观测时间窗口选择策略时，PLW_i 和 $TWS_{i,j}^k$ 指标详细考虑了资源可用性、任务权重、可见时间窗口灵活度和观测时长约束及任务间的潜在资源争用冲突影响等指标，在第二种任务和观测时间窗口选择策略下的基于任务权重的贪婪算法结合第二种可行解改进策略得到的问题近优解也表现出了较优的性能。

（3）随着测试实例和测试集复杂度的增加，尤其是当待观测任务集中分布时，可用资源很大程度上将会过度竞争，任务潜在被安排的机会也是更加复杂的（每个任务带有多个可观测时间窗口，且每个时间窗口的可见时长远远大于任务实际的观测约束时长）。改进的差分进化算法在所有测试集上都表现出了显著的效能，尤其是当算例中的任务与资源高度冲突时。在最差情况下，DE+Imp2 算法在测试实例 4-5 上优化得到的最优可行解和问题的上界间的 gap 为 1.96%，而由于贪婪算法在进行任务分配的过程中并没有过度依赖问题中任务的搜索空间复杂度，所以该算法在所有测试集上所得到的问题最优解并没有表现出明显的特性，只是运行时间会随着问题规模的增长几乎呈二次指数增长，值得注意的是该算法是一种确定性方法且计算效率较高。

图 6-8 反映了本书提出的两种贪婪算法和改进差分进化算法的性能和计算效率对比。其中，图 6-8（a）是在最大化任务完成总个数目标下的最优可行解结果，图 6-8（b）是在

最大化任务完成总收益目标下的最优可行解结果。图 6-8 中，A 图和 D 图是测试实例中的任务最大完成能力（由任务完成最大紧缺上界除以总任务个数或总任务收益值得到），指出了测试实例中任务间的资源争用冲突情况；B 图和 E 图给出了本书提出的几种算法求得的问题最优解和问题解的上界间的 gap 在所有测试集上的变化情况；C 图和 F 图给出了本书提出的几种算法求得的问题最优解和由 Gurobi 求得的最优解之间的 gap 在所有测试集上的变化情况。

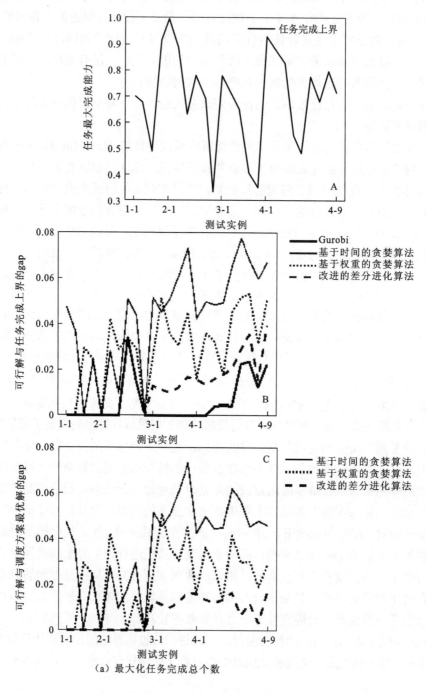

（a）最大化任务完成总个数

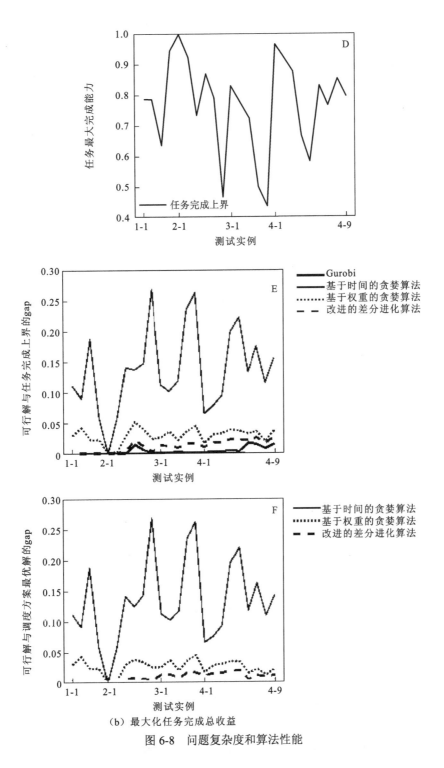

（b）最大化任务完成总收益

图 6-8　问题复杂度和算法性能

6.5.3　算法求解效率

表 6-3、表 6-4 和图 6-8 分别列出了本书提出的两种贪婪算法和改进的差分进化算法的计算效率，图 6-9 进一步指出了本书提出的改进的差分进化算法的计算效率。图 6-9 中，横轴为计算时长（按照对数坐标轴给出），纵轴为相应的演化过程中求得的最好可行解和问题解的上界之间的 gap。由于本书将多星联合调度规划问题分解为调度预处理、调度规划和可行解优化三个操作，图 6.9 中每个算例的曲线段只是反映了改进的差分进化算法操作阶段的求解效率，对于每个测试实例，曲线的起点代表调度预处理操作所用的计算时长和求得的调度可行解，该值同样是调度规划初期，改进的差分进化算法中初始种群中的最好可行解对应的调度方案，如图 6-9（a）中的 A 点所示；曲线的结束点对应算法的收敛位置，即从该时刻开始一直到算法结束，不会再有更优的解被生成，该点也有效地反映了改进的差分进化算法在演化初期就能高效地求出一个可行解足够好的调度规划方案，并表明了该算法较高的求解效率和较好的收敛性。

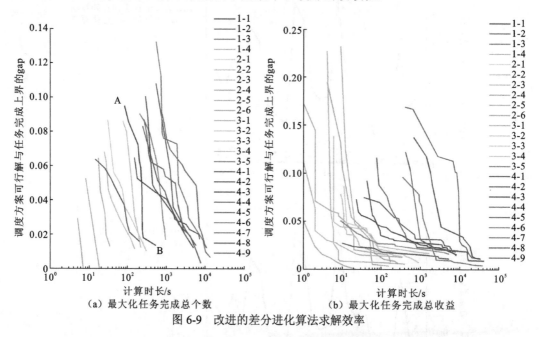

图 6-9　改进的差分进化算法求解效率

在此基础上，表 6-5 详细列出了不同优化目标下的各阶段算法求解效率在所有测试实例上的变化规律。在预处理操作中，主要计算了每个任务的各项冲突指标和每个可见时间窗口上的资源空闲区间，依次分配所有具有空闲执行资源 FI 的任务，进而在一定程度上降低了算法的复杂度。表中 ΔT_1 和 Opt_1 分别对应于调度预处理操作的运行时长和求得的最优解，k 值代表改进的差分进化算法的平均收敛速率。由图 6-9 可以看出，算法的求解效率在指数时间轴上基本上呈线性变化，将其定义为 $k=\dfrac{1}{n}\sum_{i=1}^{n-1}[(y_{i+1}-y_i)/(\lg x_{i+1}-\lg x_i)]$，其中 y_i 和 x_i 为每一代优化得到的最优解和计算时间，n 是在整个优化过程中最优解的改进个数。k 值越小代表算法计算效率更高。此外，ΔT_2 和 Opt$_2$ 分别对应于调度规划操作的运行总时长和算法收敛时求得的最优可行解。

表 6-5 多星联合调度规划算法总体性能分析

实例	最大化任务完成总个数					最大化任务完成总收益				
	ΔT_1	Opt$_1$	k	ΔT_2	Opt$_2$	ΔT_1	Opt$_1$	k	ΔT_2	Opt$_2$
1-1	0	**0.00%**	—	0	**0.00%**	0	**0.00%**	—	0	**0.00%**
1-2	0	**0.00%**	—	0	**0.00%**	0	**0.00%**	—	0	**0.00%**
1-3	1	**0.00%**	—	0	**0.00%**	0	2.31%	—	4	**0.00%**
1-4	1	**0.00%**	—	0	**0.00%**	1	5.06%	-0.009 1	22	**0.00%**
2-1	0	**0.00%**	—	0	**0.00%**	0	**0.00%**	—	0	**0.00%**
2-2	0	**0.00%**	—	0	**0.00%**	0	**0.00%**	—	0	**0.00%**
2-3	0	**0.00%**	—	0	**0.00%**	4	22.71%	-0.053 0	398	0.56%
2-4	8	5.26%	-0.045 0	10	**0.00%**	1	17.26%	-0.012 8	172	0.76%
2-5	2	**0.00%**	—	0	**0.00%**	4	19.50%	-0.047 6	260	0.63%
2-6	5	2.94%	-0.061 0	2	**0.00%**	9	23.23%	-0.114 0	147	0.35%
3-1	17	6.45%	-0.064 3	17	1.29%	1	11.20%	-0.005 8	347	1.28%
3-2	24	6.82%	-0.028 4	129	1.14%	9	7.83%	-0.020 5	326	1.30%
3-3	30	8.67%	-0.023 7	274	1.02%	11	8.66%	-0.027 3	896	0.70%
3-4	76	8.59%	-0.045 0	143	1.23%	6	4.94%	-0.007 9	1 685	1.67%
3-5	204	9.04%	-0.041 7	757	1.69%	9	5.07%	-0.010 0	5 277	1.61%
4-1	14	6.38%	-0.016 9	187	1.60%	10	2.72%	-0.004 7	5 279	1.10%
4-2	84	9.50%	-0.150 9	447	1.36%	23	7.31%	-0.013 3	8 001	1.46%
4-3	150	6.48%	-0.021 6	4 864	1.21%	43	9.23%	-0.028 8	8 295	1.55%
4-4	535	10.81%	-0.039 3	5 299	1.35%	36	7.50%	-0.053 1	7 805	1.84%
4-5	264	8.71%	-0.029 2	3 514	1.66%	76	11.68%	-0.034 1	9 184	1.96%
4-6	540	13.25%	-0.076 3	13 002	0.66%	349	9.61%	-0.046 0	38	0.41%
4-7	766	9.09%	-0.034 5	10 027	1.21%	398	16.92%	-0.059 6	33	1.11%
4-8	245	8.31%	-0.016 3	7 497	0.32%	412	12.26%	-0.223 8	41	0.90%
4-9	288	10.06%	-0.036 3	6 917	1.72%	666	13.77%	-0.037 4	32	1.15%

6.5.4 结果讨论

　　总之，不论是以最大化任务完成总个数为目标还是以最大化任务完成总收益为目标，上述给出的优化结果都反映了所提出的基于时间和权重的贪婪算法的有效性，改进的差分进化算法在所有测试实例上都表现出显著的优势，尤其是当观测任务是集中分布的且有效资源被过度占用时。值得注意的是，基于权重的贪婪算法是一种确定性方法，且可以非常高效地提供一组很好的可行解，在基于权重的贪婪算法和改进的差分进化算法中，冲突指标的引入在合理地选择观测任务和观测时间窗口上表现出了明显的效能。这些复杂有效的启发式策略有效地消除了任务间的资源争用冲突。同样，冲突消除策略和适应度函数值评估方法，有助于改进差分进化算法中的可行解陷入局部最优解。

第7章　多星联合调度规划系统

本章将详细介绍由中国地质大学（武汉）空间信息工程实验室独立开发研制的多星联合调度规划软件 CSTK Scheduler。该软件是集卫星轨道设计、地面站布局、星座优化与设计、星座仿真与分析等功能于一体的软件仿真工具（CSTK 1.0）。

CSTK Scheduler 软件主要实现了对中国卫星工具包（China satellite tool kit，CSTK）场景中的资源调度和性能评估问题。通过该系统软件，可以方便地控制场景中应用到的各类资源，以及安排和执行场景中的主要任务，并能够对场景中给定星座和生成的调度方案进行科学的评估和论证。此外，该软件也提供了调度方案的验证功能，主要是对调度规划操作生成的调度方案进行正确性和完备性验证。正确性主要指生成的调度方案是否满足提出的各项操作约束；完备性是通过用确定性算法测试未完成的任务是否在空余的时间窗口内被执行。调度方案和各项性能评估结果可以进行图表显示和二维、三维动态仿真。作为一个直观的辅助工具，该软件能够为相关领域的工程技术人员提供一个简单便捷的操作平台和应用环境，从而加快技术人员的工作效率。

目前国内外已经研发出一些针对单星或多星的调度系统，见表 7-1。

表 7-1　卫星调度系统软件信息

软件名称	研发公司	时间	模型适用范围	算法实现
AETER		1998 年	单星调度	贪婪算法
ASPEN	Jet Propulsion Lab.	1998 年	单星调度	局部邻域搜索算法
GREAS	Veridian	2000 年	多星调度	基于 ILOG Solver 的启发式算法
Globus		2002 年	多星调度	遗传算法
STK/Schedular	Analytical Graphics，Inc.	2003 年	多星调度	贪婪算法与神经网络

7.1　系统开发环境

现今软件系统的开发已经有工程级别的理论基础，在本书仿真系统的开发过程中，遵循了以下原则。

（1）采用面向对象的程序设计方法。一方面是开发语言采用面向对象语言（如 C++，Java，C#等），这样的好处是尽可能使代码重用性、扩展性、可维护性得到提高；另一方面是系统的架构设计尽可能地采用成熟的设计模式，模块划分清晰，从而保证架构的可扩展、高内聚低耦合等特性。

（2）为用户提供清晰简捷的人机交互，避免歧义。

（3）尽量保证代码的可读性。

（4）对于底层代码实现，不涉及用户界面（user interface，UI）设计的代码，尽可能地使用和 UI 库无关、和平台无关的类库工具（如使用 C++语言时，只使用最基本的 C++，而不是 Boost 类库等），从而最大可能地保证代码的可移植性。

（5）软件图形界面设计是在 Window 下采用微软基础类库开发，可视化部分采用开放的图形程序接口（OpenGL）开发。OpenGL 定义了一组跨编程语言、跨平台的三维（二维亦可）图像仿真接口的规格。其功能强大，是目前行业领域中被广泛接纳的 2D/3D 图形应用程序接口。支持 Windows 95、Windows NT、Unix、Linux、MacOS、OS/2 等一系列系统，使用简便，效率高（它绕过中央处理器直接与图形处理器交互）。

7.2 系统总体框架设计

根据上述的系统开发原则，本书实现的软件架构的总体设计分为系统底层框架的设计与顶层架构设计两方面。在本节中，将对 CSTK 工具包中各个子模块及其主要功能进行简要介绍。

1. 基础运算层

基础运算层包括时间系统计算、空间系统计算和相关数学计算。

时间系统提供了协调世界时、热力致死时间、世界时等几种秒之间的转换，同时提供了儒略日与各种精简儒略日之间的相互转换，如儒略日、修正儒略日（modified Julian day，MJD）、J2000 和 MJD2000 等。时间系统对该系统而言是比较重要的，因为在要求比较精确的天文计算中，需要比较精确的时间尺度，所以必须精确时间的定义。

空间系统计算主要用于提供地固系和地心天球坐标系两者之间的转换，因为在后续计算中，卫星计算的位置是在地心天球坐标系中的结果，而地面区域以经纬度给出，等价于地固系位置，这两者要建立联系，需要对这两种坐标系进行转换。从地心天球坐标系到地固系需要分别考虑章动、岁差、地球自转和极移 4 个因素的影响。

相关数学计算主要用于该系统常用计算的求解，如开普勒方程的迭代求解、向量之间的计算及点积差积、高次方程求解、最小二乘拟合等运算。该模块为本层级以上各层的计算提供了基础。

2. 轨道计算层

轨道计算层包括轨道计算、星下点及其轨迹计算和太阳系星历计算。

轨道计算，是指已知卫星的某时刻的轨道六根数或某一时刻卫星的瞬时速度位置矢量，计算在某个时间范围内任意时刻的卫星在地心天球坐标系下的位置。该计算在整个系统中是非常重要的，因为调度中的其他相关计算都以此为基础。对于轨道计算，根据精度不同，有几种不同的方法，在不考虑摄动力的情况下，一般常用直接解开普勒轨道求解，如果需要考虑摄动力，可用解析法或是基于积分器的数值法来求解。

星下点及其轨迹的计算主要用于根据卫星星历来计算卫星的星下点，然后根据卫星的星下点，调用基础运算层中相关的拟合公式来拟合星下点轨迹方程。星下点轨迹方程主要用于进行规划活动的划分。

太阳系星历计算是基于仿真时需要有太阳和月球要求而添加的，主要用于计算太阳和月球的星历。该模块同整个系统功能关联不大，主要用于仿真需要。

3. 星座与调度相关计算层

星座与调度相关计算层主要包括时间窗口计算模块、覆盖分析模块及活动划分模块。

时间窗口计算模块是调度过程中重要的一步，是在预处理之后每个资源为每个任务计算时间窗口，该模块的计算信息将作为之后活动划分和调度计算的重要数据。

覆盖分析模块的主要功能是将时间窗口计算模块计算的结果进行统计分析，如计算点目标的时间覆盖率、覆盖重数、资源重要性分析、覆盖时序图等。

活动划分模块主要功能是将区域划分为活动，作为求解活动选择模型的基础。

4. 模型与算法层

模型与算法层主要包括各种模型框架，主要有资源规划模型、卫星调度规划模型及各类调度规划算法。

模型与算法层是软件的核心功能，封装了一些主要模型与算法。任务规划模型与算法提供了多种数学规划方法和智能优化方法；此外，资源规划模型主要是指通过轨道机动对卫星轨道根数进行优化，是属于本软件平台星座优化中的部分内容，是在已知卫星载荷参数和地面观测目标属性信息的前提下，当卫星资源对任务完成效益非常有限时，进行轨道机动或重新设计轨道参数，使卫星系统的效能最大化满足任务需求。重要的是，该层提供了便捷的模型和算法扩展接口，用户可以在该软件基础上进行资源和任务属性设置、各项操作约束设置及新的规划模型与算法添加。

5. 软件层

软件层主要包括想定管理模块、数据库模块和仿真模块。

想定管理模块主要是完成想定初始设定、结果保持、后续编辑、想定加载等功能。想定初始设定包括任务、资源和卫星的相关信息，可以将任务、资源和卫星的相关信息保存到 xml 文件中，然后可以从 xml 中将想定信息加载到系统中。

数据库模块的主要功能是完成仿真过程数据的收集与存储管理功能，可供后续分析、显示和仿真过程回放等使用。本平台采用 Access 进行底层数据库实现，面向将来的系统仿真中的大量空间飞行器和复杂的决策任务需求，实现大量数据的储存、管理功能。对数据库子系统进行合理规划，建立友好的人机界面，方便实现数据存储、浏览、编辑、导出、删除等功能。

仿真模块分为二维可视化仿真、三维可视化仿真及其他仿真。二维可视化仿真是将地球投影到一个 2D 的高斯平面上，然后在该平面上反映卫星的星下点轨迹、卫星相对地球的位置、遥感器覆盖区域范围等。三维可视化仿真是地球在空间中的三维景象，主要包括空间中三维的地球，卫星在空间中的位置、姿态和轨道，导弹发射过程的 3D 仿真及资源完成任务与数据下传示意等。其他仿真是指一些动态或静态的表格和表示调度过程的甘特图，动态或静态的表格包括卫星在空间中的速度位置报表、随时间的变化曲线、卫星重要性分析等。

7.2.1 多星联合调度规划系统总体框架

多星联合调度规划系统设计架构如图 7-1 所示，分为主控模块、想定管理模块、覆盖计算模块、调度规划模块、应急调度模块、卫星星座性能评估模块、可视化展现模块等。

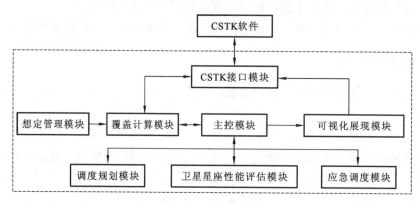

图 7-1 软件架构图

1. 主控模块

主控模块负责系统各模块之间的数据传输和信息交换，是系统各功能模块的连接枢纽，用以控制系统的运行逻辑。

2. 想定管理模块

想定管理模块提供系统与用户之间的交互，主要有场景规划管理、卫星资源管理和任务需求生成等操作，用以定义卫星资源、地面站资源和用户需求。

3. 覆盖计算模块

覆盖计算模块为星地可视分析准备输入数据，此时也可以考虑任务、资源和操作约束等基本要素。该模块也负责计算卫星与目标之间的可见时间窗口约束。

4. 调度规划模块

调度规划模块通过对所建场景中的资源、任务需求和操作约束进行建模，并根据星座优化设计目标设计相应的求解算法，生成多星联合对地观测方案和数据传输方案，并将调度结果以数据报表的形式存储。

5. 应急调度模块

应急调度模块在一个已有的场景和卫星调度方案的基础上，考虑资源失效和任务动态变化下卫星的应急调度问题。该模块对新的场景进行重新规划调度，并将调度结果以数据表的形式存储。

6. 卫星星座性能评估模块

卫星星座性能评估模块通过读取星座场景和可视计算及调度方案结果，采用性能评估体系指标进行综合分析。

7. 可视化展现模块

可视化展现模块为卫星星座性能评估的各项评估指标结果提供图表格式的显示，对某一场景的可视计算结果和调度方案提供甘特图和报表显示，并为所创建的场景提供二维和三维仿真。

7.2.2　多星联合调度规划系统整体流程

多星联合对地观测调度规划系统实现流程如图 7-2 所示。考虑复杂卫星网络系统的优化设计与应用是一个反复迭代的过程，需要根据设计指标和各应用需求，不断地调整系统配置参数，生成较优的系统配置方案及给定系统配置下的面向复杂任务需求的调度规划方案；在此基础上，分析所构建的复杂航天器系统效能评估体系的完备性、合理性、科学性和实用性等实际应用能力，进而在系统设计阶段反复迭代寻求最优复杂系统配置方案，在系统应用阶段生成最优的复杂系统调度规划方案。

根据系统优化设计过程，首先，对一组已有的应用需求和初步的系统顶层设计方案进行场景构建。其次，依次采用系统静态性能评估、动态应用性能评估和运行与维持性能评估方法对该系统的配置参数和构形进行评估。然后，通过对各项评估结果进行分析与仿真，针对性地对系统设计方案中的关键载荷参数进行调整，生成新的设计方案，再次迭代执行上述性能评估过程。最后，通过这样一种反复迭代的过程，就可以得到不同系统配置参数和构形方案下复杂航天器系统的实际应用性能和效益，从而根据设计目标寻求最优系统配置方案，以进一步为复杂卫星网络系统的顶层设计、方案论证提供必要的决策支持。

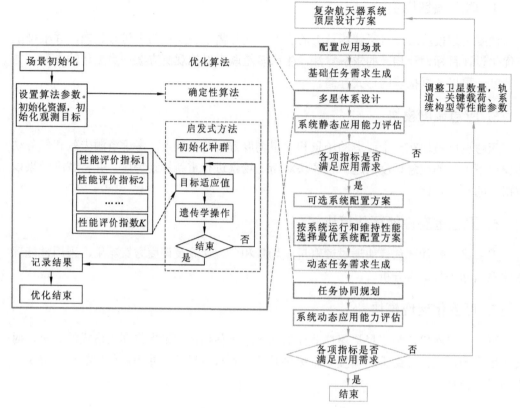

图 7-2　多星联合对地观测调度规划系统实现流程图

7.3　系 统 实 现

7.3.1　主控模块

图 7-3 是本书设计开发的 CSTK Scheduler 系统主界面,负责控制系统的运行逻辑。主界面功能主要包含场景管理、任务管理、资源管理及调度方案等。

1. 菜单栏

1)资源栏

资源栏包括卫星、传感器和地面站等资源的添加修改与删除操作,以及资源的可用性、利用率和容量的属性报表和评估报表。

2)任务栏

任务栏包括点目标和区域目标的添加、修改与删除及任务覆盖情况和完成情况等各项指标的图表显示。

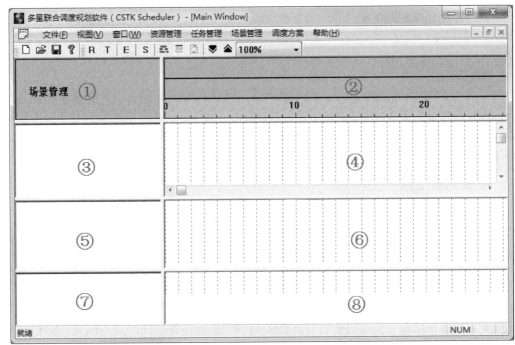

图 7-3　卫星星座调度规划与性能评估管理界面

3）场景管理栏

场景管理栏包括想定管理、星地可见时间窗口计算、目标覆盖情况分析、调度规划操作、应急调度操作、星座和调度方案的性能评估及 CSTK Scheduler 的相互通信接口。

4）调度方案栏

调度方案栏包括调度预处理结果和调度方案的可视化展现，可以将它们按任务名称和执行时间顺序排序，并以图形和报表的方式进行仿真。

2. 工具栏

工具栏包含了调度规划过程中常用到的一些便捷操作。

3. 可视区

在图 7-3 所示的软件系统界面图中，可视区①～⑧分别为场景管理区、仿真周期时间轴区、任务列表区、任务执行状态区、卫星资源列表区、卫星资源利用状态区、地面站资源列表区、地面站资源利用状态区。

1）场景管理区

场景管理区在软件界面中的分布位置见图 7-3 中的①号区域，主要为场景名称等信息。

2）仿真周期时间轴区

仿真周期时间轴区在软件界面中的分布位置见图 7-3 中的②号区域。时间轴单位步长可根据实际要求随时调整（第一行单位为天，第二行单位为 h，第三行单位最小可精确到 s）。

3）任务列表区

任务列表区在软件界面中的分布位置见图 7-3 中的③号区域。当在场景中添加任务后会实时在任务列表中进行更新，同时对调度方案和应急方案操作后的所有任务的变化情况用不同颜色标记，可以直观地展现各个任务的不同状态。同时，鼠标左键点击对应的任务会弹出提示框，显示该任务的详细执行过程和执行状态。

4）任务执行状态区

任务执行状态区在软件界面中的分布位置见图 7-3 中的④号区域。该区域用小矩形框的方式描述任务在整个仿真周期内的星地可见情况和经过调度规划后的任务执行时间窗口。

5）卫星资源列表区

卫星资源列表区在软件界面中的分布位置见图 7-3 中的⑤号区域。当在场景中添加卫星及其星载传感器和天线后会实时在资源列表中进行更新，同时用不同颜色标记了资源的可用状态。

6）卫星资源利用状态区

卫星资源利用状态区在软件界面中的分布位置见图 7-3 中的⑥号区域。在整个仿真周期内每一项卫星及其传感器和天线资源的可用时间段范围和经过调度规划后，所有在这一项资源执行的任务的时间窗口集合会显示在这个区域。

7）地面站资源列表区

地面站资源列表区在软件界面中的分布位置见图 7-3 中的⑦号区域。当在场景中添加地面站资源后会实时在资源列表中进行更新，同时用不同颜色标记资源的可用状态。该区域特别针对成像数传一体化任务协同规划问题。

8）地面站资源利用状态区

地面站资源利用状态区在软件界面中的分布位置见图 4-3 中的⑧号区域。在整个仿真周期内每一项资源的可用时间段范围和经过调度规划后，所有在这一项资源执行的任务的时间窗口集合会显示在这个区域。

7.3.2 想定管理模块

想定管理即场景管理。系统中一个独立的场景文件定义了卫星资源、传感器资源、地面站和待观测的地面目标的数据格式。该模块可以看作系统和用户之间的交互接口，根据星座设计方案和验证方法，设置相应的参数。在本系统中的想定管理模块主要实现以下操作。

1. 场景管理

系统中场景管理定义了场景规划分析的仿真起止时间和仿真步长。仿真起止时间提供不同时间系统的输入，如图 7-4 所示，可用于设计分析不同时间段内卫星星座的应用能力。

图 7-4　场景管理界面

2. 任务需求生成

为了反映不同类型应用卫星和具有各类典型地理分布特征任务需求下卫星星座的实际应用性能，系统实现了对各种类型观测任务的覆盖计算操作；同时，为了方便用户一次性加载大量的观测目标，系统实现了从数据库和用户自己建立的目标文件进行导入观测目标的方式。任务需求的生成目前包括点目标和区域目标两种成像类型，成像目标的添加同样包含了部分任务操作约束，其中添加点目标的界面如图 7-5 所示。

3. 卫星资源管理

系统为场景中要用到的各类卫星、传感器、地面站和目标资源建立了数据库，当场景中要用到一些特定的资源数据时，可以直接从数据库导入，并对建立的场景中的各类资源进行统一管理，并对所有用到的载荷的基本属性和操作约束进行统一规范的描述，也为多星联合任务规划提供了可能，并且方便卫星星座优化设计人员随时调整卫星星座中的各类参数和星座构形，为相关工作人员提供了简捷的操作平台。

为便于用户操作，卫星添加可以选择直接从数据库中进行导入，也可以选择自己手动输入、修改卫星轨道参数，如图 7-6 所示。同样，卫星星载传感器参数设置目前包含了简单圆锥角和矩形等不同类型的成像类型，以及对应的相关参数的设置，如图 7-7 所示。点击"下一步"，进入传感器的可用时间窗口的设置，如图 7-8 所示。

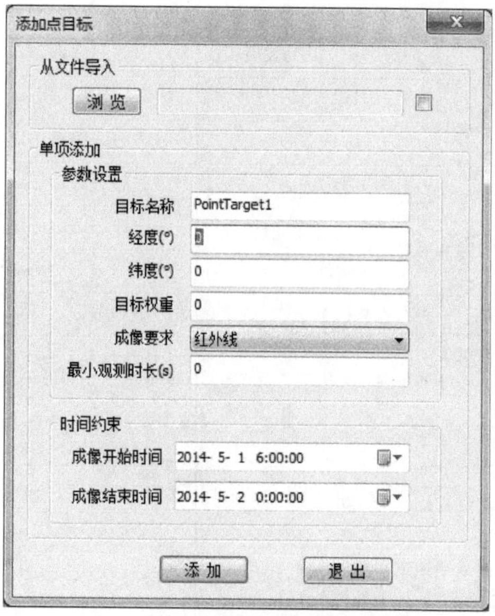

图 7-5　添加点目标界面

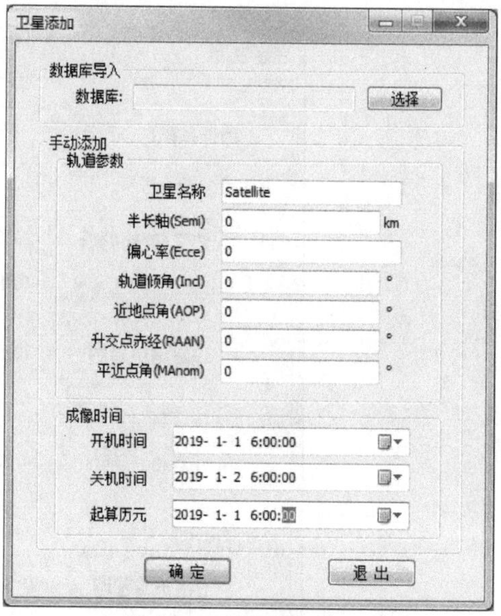

图 7-6　卫星添加界面

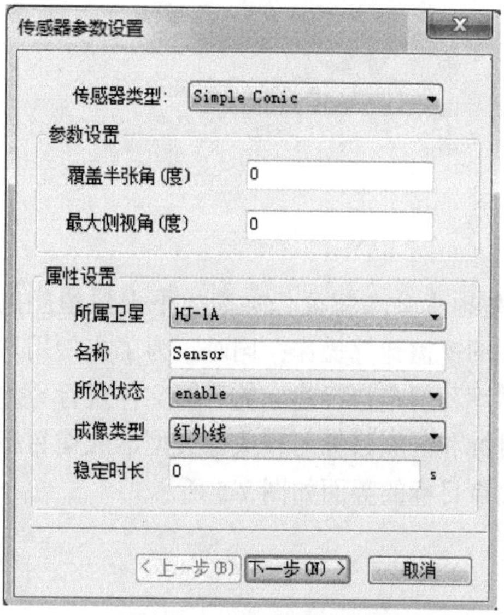

图 7-7　传感器参数设置界面

图 7-8　传感器可用时间设置界面

卫星和传感器资源的管理分别如图 7-9 和图 7-10 所示。可以选定指定的资源对其属性和可用性进行修改，同样也可以选择删除场景中的该项资源。若删除的是卫星，则会一起删除该卫星上所携带的传感器资源。

图 7-9　卫星管理界面

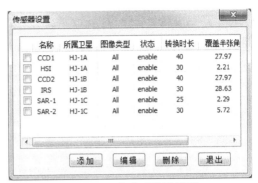
图 7-10　传感器设置界面

7.3.3　覆盖计算模块

用户提交的原始成像需求往往并不能指定观测资源，其可能的观测时间窗口也不确定，而且很多复杂的用户需求如周期性成像任务、大面积区域目标成像任务等，是难以一次性完成观测的。如果直接将原始的用户需求作为输入数据，将会给任务规划建模求解过程带来很大的困难。因此，有必要预先对原始用户需求进行一些处理：一方面可以根据用户需求参数和卫星资源的能力等操作约束进行初步匹配和筛选，重点是确定每个单一点目标成像任务的可选卫星及对应的时间窗口；另一方面需要对复杂成像任务进行分解，生成与单一点目标一样能够一次性完成观测的子目标，从而生成可以直接调度的单一子任务。该过程为调度模型的建立和求解提供了必要的数据准备，并且降低了模型的复杂度，也进一步提高了调度的效率。该功能模块的实现提供了对不同资源和成像目标的一键选择。如图 7-11 所示，在该界面处点击"计算"后就可计算所选取的传感器资源和成像目标的星地可见时间窗口的分析。

图 7-11　时间窗口计算界面

计算完成后会有弹窗提示，并通过“查看结果”操作读取星地可见时间窗口的分析，结果如图 7-12 所示。

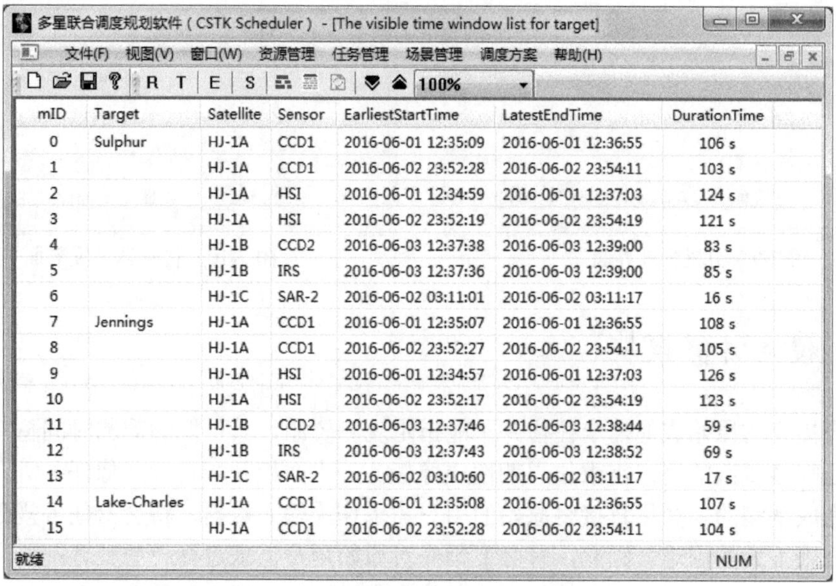

mID	Target	Satellite	Sensor	EarliestStartTime	LatestEndTime	DurationTime
0	Sulphur	HJ-1A	CCD1	2016-06-01 12:35:09	2016-06-01 12:36:55	106 s
1		HJ-1A	CCD1	2016-06-02 23:52:28	2016-06-02 23:54:11	103 s
2		HJ-1A	HSI	2016-06-01 12:34:59	2016-06-01 12:37:03	124 s
3		HJ-1A	HSI	2016-06-02 23:52:19	2016-06-02 23:54:19	121 s
4		HJ-1B	CCD2	2016-06-03 12:37:38	2016-06-03 12:39:00	83 s
5		HJ-1B	IRS	2016-06-03 12:37:36	2016-06-03 12:39:00	85 s
6		HJ-1C	SAR-2	2016-06-02 03:11:01	2016-06-02 03:11:17	16 s
7	Jennings	HJ-1A	CCD1	2016-06-01 12:35:07	2016-06-01 12:36:55	108 s
8		HJ-1A	CCD1	2016-06-02 23:52:27	2016-06-02 23:54:11	105 s
9		HJ-1A	HSI	2016-06-01 12:34:57	2016-06-01 12:37:03	126 s
10		HJ-1A	HSI	2016-06-02 23:52:17	2016-06-02 23:54:19	123 s
11		HJ-1B	CCD2	2016-06-03 12:37:46	2016-06-03 12:38:44	59 s
12		HJ-1B	IRS	2016-06-03 12:37:43	2016-06-03 12:38:52	69 s
13		HJ-1C	SAR-2	2016-06-02 03:10:60	2016-06-02 03:11:17	17 s
14	Lake-Charles	HJ-1A	CCD1	2016-06-01 12:35:08	2016-06-01 12:36:55	107 s
15		HJ-1A	CCD1	2016-06-02 23:52:28	2016-06-02 23:54:11	104 s

图 7-12　星地可见时间窗口分析界面

7.3.4　调度规划模块

调度规划模块提供了调度算法的接口，针对一个具体的规划场景，生成成像任务规划方案。系统中目前集成了基本的遗传算法和基于启发式思想的改进遗传算法。调度规划界面如图 7-13 所示。

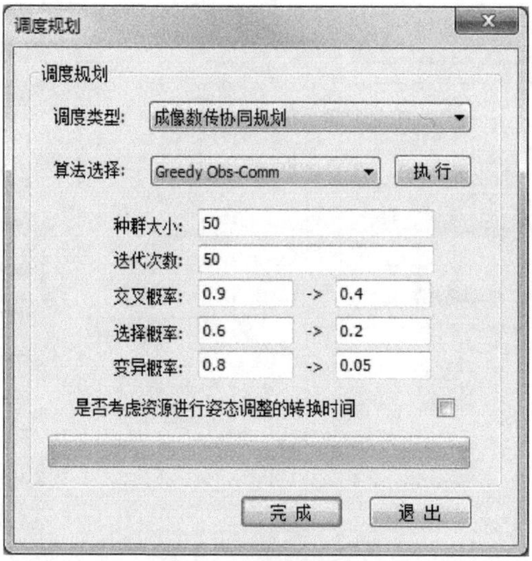

图 7-13　调度规划界面

　　调度规划模块实现了调度规划结果的甘特图显示，如图 7-14 所示。从甘特图的任务列表中可以看到每个任务的具体完成情况，绿色表示完成，灰色表示未完成，在右侧的时间窗内，灰色表示对应目标的所有可见的时间窗口，绿色代表执行时间窗口。鼠标左键点击左侧区域点目标的绿色区域，可以看到该目标的具体被执行情况，包括成像卫星和传感器及为其分配的执行时间窗口。如果该任务没有完成，则同样会显示该任务未完成的原因（包括没有时间窗口、成像类型不满足、资源冲突等）。在资源列表区可以看到执行该调度操作的场景资源及各项资源对应的可用状态，绿色代表可用，灰色代表当前不可用。在调度方案的甘特图显示上，实现了时间窗口的缩放功能，通过点击工具栏上的向上和向下的箭头可以对单位时间步长进行缩放操作，以便于用户分析和查看。

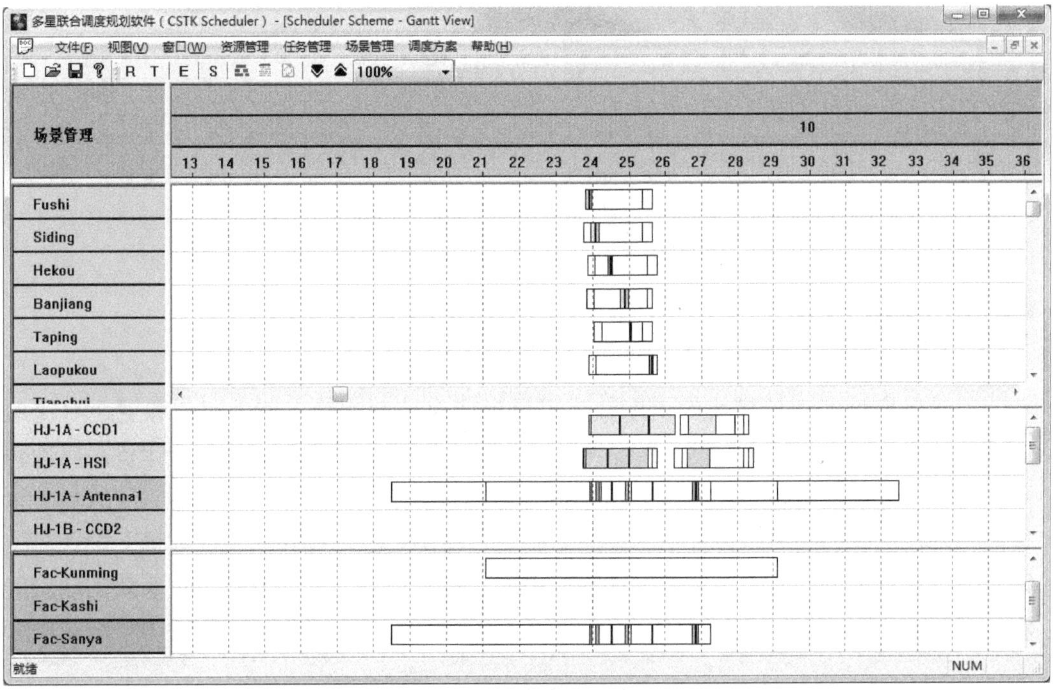

图 7-14　调度方案甘特图显示界面

　　菜单栏的调度方案菜单中可以选择甘特图，也可以选择调度方案的显示类型（包括按任务名称排序、按照最早成像完成时间排序、按照最早数传完成时间排序、按照资源类型排序）。

　　在菜单栏的调度方案菜单中选择 Table 选项，调度规划结果文件如图 7-15 所示。调度规划结果包含了本次调度中每个任务的基本约束及该任务是否被完成。如若完成，则显示为其分配的卫星资源和具体执行时间窗口；如若未完成，同样会分析显示该任务未被完成的原因。

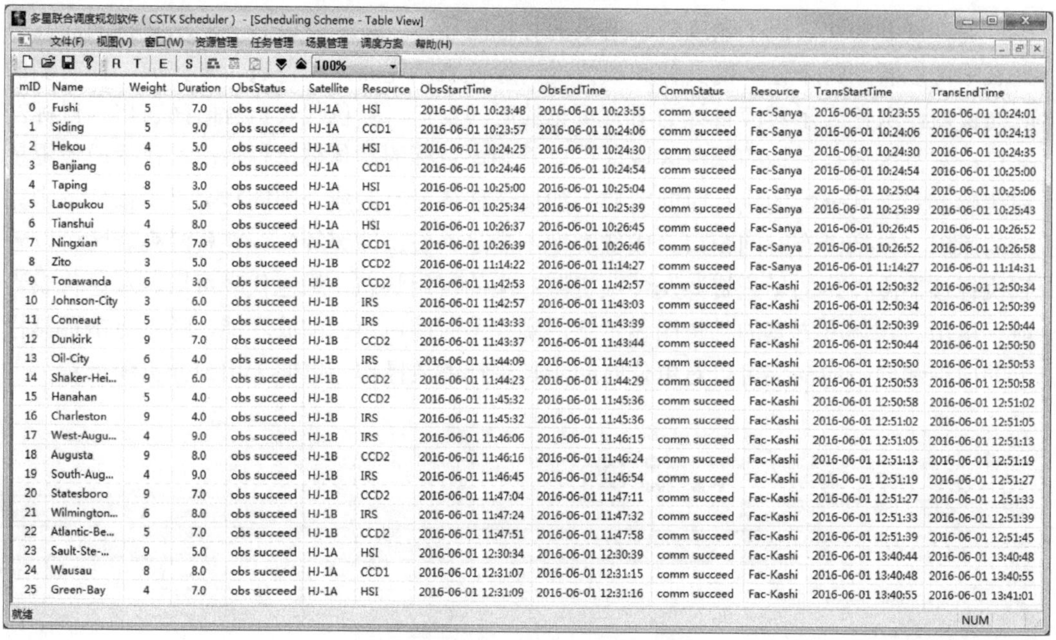

mID	Name	Weight	Duration	ObsStatus	Satellite	Resource	ObsStartTime	ObsEndTime	CommStatus	Resource	TransStartTime	TransEndTime
0	Fushi	5	7.0	obs succeed	HJ-1A	HSI	2016-06-01 10:23:48	2016-06-01 10:23:55	comm succeed	Fac-Sanya	2016-06-01 10:23:55	2016-06-01 10:24:01
1	Siding	5	9.0	obs succeed	HJ-1A	CCD1	2016-06-01 10:23:57	2016-06-01 10:24:06	comm succeed	Fac-Sanya	2016-06-01 10:24:06	2016-06-01 10:24:13
2	Hekou	4	5.0	obs succeed	HJ-1A	HSI	2016-06-01 10:24:25	2016-06-01 10:24:30	comm succeed	Fac-Sanya	2016-06-01 10:24:30	2016-06-01 10:24:35
3	Banjiang	6	8.0	obs succeed	HJ-1A	CCD1	2016-06-01 10:24:46	2016-06-01 10:24:54	comm succeed	Fac-Sanya	2016-06-01 10:24:54	2016-06-01 10:25:00
4	Taping	8	3.0	obs succeed	HJ-1A	HSI	2016-06-01 10:25:00	2016-06-01 10:25:04	comm succeed	Fac-Sanya	2016-06-01 10:25:04	2016-06-01 10:25:06
5	Laopukou	5	5.0	obs succeed	HJ-1A	CCD1	2016-06-01 10:25:34	2016-06-01 10:25:39	comm succeed	Fac-Sanya	2016-06-01 10:25:39	2016-06-01 10:25:43
6	Tianshui	4	8.0	obs succeed	HJ-1A	HSI	2016-06-01 10:26:37	2016-06-01 10:26:45	comm succeed	Fac-Sanya	2016-06-01 10:26:45	2016-06-01 10:26:52
7	Ningxian	5	7.0	obs succeed	HJ-1A	CCD1	2016-06-01 10:26:39	2016-06-01 10:26:46	comm succeed	Fac-Sanya	2016-06-01 10:26:52	2016-06-01 10:26:58
8	Zito	3	5.0	obs succeed	HJ-1B	CCD2	2016-06-01 11:14:22	2016-06-01 11:14:27	comm succeed	Fac-Sanya	2016-06-01 11:14:27	2016-06-01 11:14:31
9	Tonawanda	6	3.0	obs succeed	HJ-1B	CCD2	2016-06-01 11:42:53	2016-06-01 11:42:57	comm succeed	Fac-Kashi	2016-06-01 12:50:32	2016-06-01 12:50:34
10	Johnson-City	3	6.0	obs succeed	HJ-1B	IRS	2016-06-01 11:42:57	2016-06-01 11:43:03	comm succeed	Fac-Kashi	2016-06-01 12:50:34	2016-06-01 12:50:39
11	Conneaut	5	6.0	obs succeed	HJ-1B	IRS	2016-06-01 11:43:33	2016-06-01 11:43:39	comm succeed	Fac-Kashi	2016-06-01 12:50:39	2016-06-01 12:50:44
12	Dunkirk	9	7.0	obs succeed	HJ-1B	CCD2	2016-06-01 11:43:37	2016-06-01 11:43:44	comm succeed	Fac-Kashi	2016-06-01 12:50:44	2016-06-01 12:50:50
13	Oil-City	6	4.0	obs succeed	HJ-1B	IRS	2016-06-01 11:44:09	2016-06-01 11:44:13	comm succeed	Fac-Kashi	2016-06-01 12:50:50	2016-06-01 12:50:53
14	Shaker-Hei...	9	6.0	obs succeed	HJ-1B	CCD2	2016-06-01 11:44:23	2016-06-01 11:44:29	comm succeed	Fac-Kashi	2016-06-01 12:50:53	2016-06-01 12:50:58
15	Hanahan	5	4.0	obs succeed	HJ-1B	CCD2	2016-06-01 11:45:32	2016-06-01 11:45:36	comm succeed	Fac-Kashi	2016-06-01 12:50:58	2016-06-01 12:51:02
16	Charleston	9	4.0	obs succeed	HJ-1B	IRS	2016-06-01 11:45:32	2016-06-01 11:45:36	comm succeed	Fac-Kashi	2016-06-01 12:51:02	2016-06-01 12:51:05
17	West-Augu...	4	9.0	obs succeed	HJ-1B	IRS	2016-06-01 11:46:06	2016-06-01 11:46:15	comm succeed	Fac-Kashi	2016-06-01 12:51:05	2016-06-01 12:51:13
18	Augusta	9	8.0	obs succeed	HJ-1B	CCD2	2016-06-01 11:46:16	2016-06-01 11:46:24	comm succeed	Fac-Kashi	2016-06-01 12:51:13	2016-06-01 12:51:19
19	South-Aug...	4	9.0	obs succeed	HJ-1B	IRS	2016-06-01 11:46:45	2016-06-01 11:46:54	comm succeed	Fac-Kashi	2016-06-01 12:51:19	2016-06-01 12:51:27
20	Statesboro	9	7.0	obs succeed	HJ-1B	CCD2	2016-06-01 11:47:04	2016-06-01 11:47:11	comm succeed	Fac-Kashi	2016-06-01 12:51:27	2016-06-01 12:51:33
21	Wilmington...	6	8.0	obs succeed	HJ-1B	IRS	2016-06-01 11:47:24	2016-06-01 11:47:32	comm succeed	Fac-Kashi	2016-06-01 12:51:33	2016-06-01 12:51:39
22	Atlantic-Be...	5	7.0	obs succeed	HJ-1B	CCD2	2016-06-01 11:47:51	2016-06-01 11:47:58	comm succeed	Fac-Kashi	2016-06-01 12:51:39	2016-06-01 12:51:45
23	Sault-Ste-...	9	5.0	obs succeed	HJ-1A	HSI	2016-06-01 12:30:34	2016-06-01 12:30:39	comm succeed	Fac-Kashi	2016-06-01 13:40:44	2016-06-01 13:40:48
24	Wausau	8	8.0	obs succeed	HJ-1A	CCD1	2016-06-01 12:31:07	2016-06-01 12:31:15	comm succeed	Fac-Kashi	2016-06-01 13:40:48	2016-06-01 13:40:55
25	Green-Bay	4	7.0	obs succeed	HJ-1A	HSI	2016-06-01 12:31:09	2016-06-01 12:31:16	comm succeed	Fac-Kashi	2016-06-01 13:40:55	2016-06-01 13:41:01

图 7-15　调度方案 Table 分析界面

7.3.5　卫星星座性能评估模块

卫星星座性能评估模块的实现分为卫星星座对地观测静态能力评估和卫星星座对地观测动态能力评估两个方面。系统性能评估模块如图 7-16 所示。针对上述资源属性和用户需求，分别采用静态能力评估和动态能力评估的方式，分析给定卫星系统的任务执行能力。在已有的静态能力评估结果的基础上，在满足各项操作约束的前提下，该模块采用任务规划的方式对卫星系统的动态应用能力进行评估，从而反映卫星系统的动态能力执行效能。

1. 卫星星座对地观测静态能力评估

先选择具体的覆盖类型和覆盖目标进行分析，针对点目标有总覆盖时间、覆盖百分比、覆盖次数、最大覆盖时长、最小覆盖时长、平均覆盖时长、最大覆盖间隔、平均覆盖间隔和最大响应时间。最大响应时间可以指定规划场景内的任意一个起始时刻，计算最小完成覆盖所需时间。点目标静态评估界面如图 7-17 所示。

同样，可以通过“查看结果”，查看该目标的具体被覆盖情况，如图 7-18 所示。

静态评估是对指定的覆盖点目标或区域目标选择不同的覆盖算法进行覆盖分析。该模块对区域目标可采用经度条带法和两种不同的网格点法进行覆盖分析，精度表示网格点的大小或是精度条带的宽度，如图 7-19 所示。计算结束后会有弹窗提示。文档中的覆盖结果显示了仿真周期内的每个精度条带的覆盖情况，包括覆盖重数和纬度带区间，如图 7-20 所示。

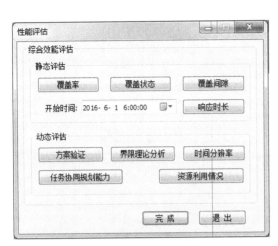

图 7-16　系统性能评估界面

图 7-17　点目标静态评估界面

```
Accesstw.txt - 记事本                                                       _ □ X
文件(F)  编辑(E)  格式(O)  查看(V)  帮助(H)
场景访真时间 : 2014-05-01  06:00:0.000  ->       2014-05-02  00:00:0.000
目标
            覆盖时间窗口                        覆盖时长  覆盖重数   覆盖资源
雅安 :
2014-05-01  06:43:22.886   2014-05-01  06:44:10.970   68.0832   1   IKONOS-2->Sensor-4
2014-05-01  07:34:55.920   2014-05-01  07:36:6.854    70.9344   1   ORBVIEW-3->Sensor-3
2014-05-01  19:43:29.222   2014-05-01  19:45:2.016    92.7936   1   MTI->Sensor-2
2014-05-01  20:19:23.779   2014-05-01  20:20:17.606   53.8272   1   EO-1->Sensor-5

天泉 :
2014-05-01  06:43:19.603   2014-05-01  06:44:32.957   73.3536   1   IKONOS-2->Sensor-4
2014-05-01  07:34:58.598   2014-05-01  07:36:8.237    69.6384   1   ORBVIEW-3->Sensor-3
2014-05-01  19:43:25.939   2014-05-01  19:45:4.090    98.1504   1   MTI->Sensor-2
2014-05-01  20:19:17.213   2014-05-01  20:20:23.050   65.8368   1   EO-1->Sensor-5

成都 :
2014-05-01  06:43:28.589   2014-05-01  06:44:6.086    37.4976   1   IKONOS-2->Sensor-4
2014-05-01  07:35:0.326    2014-05-01  07:36:9.619    69.2928   1   ORBVIEW-3->Sensor-3
2014-05-01  19:43:32.160   2014-05-01  19:44:38.688   66.528    1   MTI->Sensor-2

昆明 :
2014-05-01  06:44:50.150   2014-05-01  06:45:38.534   48.384    1   IKONOS-2->Sensor-4
2014-05-01  07:33:57.686   2014-05-01  07:34:39.590   41.904    1   ORBVIEW-3->Sensor-3
2014-05-01  19:45:0.461    2014-05-01  19:46:10.099   69.6384   1   MTI->Sensor-2

贵阳 :
2014-05-01  07:34:6.758    2014-05-01  07:34:48.230   41.472    1   ORBVIEW-3->Sensor-3

石家庄 :
2014-05-01  06:04:14.966   2014-05-01  06:06:14.630   119.664   1   MTI->Sensor-2
2014-05-01  06:43:22.282   2014-05-01  06:43:49.757   27.4752   1   SPOT-5->Sensor-1
2014-05-01  06:43:49.757   2014-05-01  06:44:27.168   37.4112   2   SPOT-5->Sensor-1 and EO-1->Sensor-5
2014-05-01  06:44:27.168   2014-05-01  06:45:37.843   70.6752   1   EO-1->Sensor-5
```

图 7-18　点目标覆盖分析界面

　　点目标覆盖分析主要提供了调度规划中每个点目标每重覆盖的百分比。覆盖百分比是仿真周期内该目标能被覆盖的总时长和仿真周期的比值,包括每个任务目标的最大覆盖时长、平均覆盖时长和最短覆盖时长,每个任务目标的最大覆盖时间间隔和平均覆盖时间间隔及以任意时刻为起始点的对任务目标的最大响应时长。

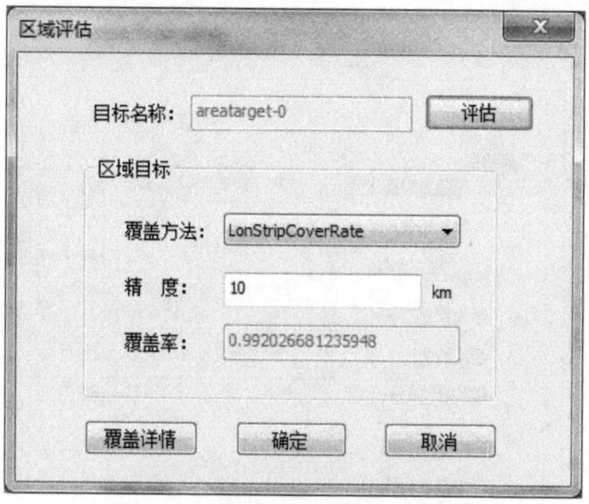

区域评估
目标名称：
areatarget-0
评估
区域目标
覆盖方法：
LonStripCoverRate
精 度：
10
km
覆盖率：
0.992026681235948
覆盖详情
确定
取消

图 7-19 区域目标静态评估界面

LonStripCoverRate_areatarget-0.txt - 记...
文件(F) 编辑(E) 格式(O) 查看(V) 帮助(H)
该区域目标的覆盖率为 : 0.992027
120.036
1 24.9426 29.5469
2 29.5469 30.0194
120.108
1 24.8277 29.3041
2 29.3041 30.0581
120.18
1 24.7125 29.0605
2 29.0605 30.0967

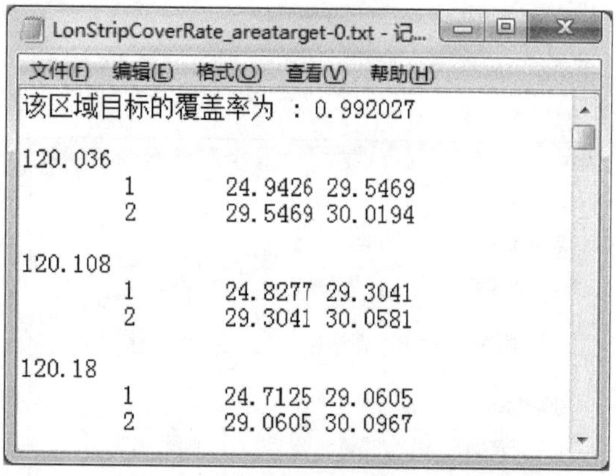

图 7-20 区域目标静态评估结果界面

2. 卫星星座对地观测动态能力评估

卫星星座对地观测动态能力评估的实现分为调度方案验证、任务评估、资源评估和时效性评估 4 项基本模块。其中调度方案验证分为调度方案的正确性和调度方案的完备性两项基本指标。首先，验证给定的调度方案是否满足资源和任务的各项操作约束，各项操作约束可以直接通过对话框进行勾选。在验证调度方案正确性的基础上，再进一步分析对指定的场景和用户需求是否存在因资源冲突未完成的任务，可在该调度方案的基础上完成。调度方案验证界面如图 7-21 所示。

调度方案验证
ID
约束条件
1 成像分辨率约束 表示调度方案中为目标分配资源
2 成像时长约束 表示每个观测窗口的开机时长必
3 可见时间窗口约束 表示为每项任务分配的观测时间
4 转换时长约束 表示同一颗卫星上的两个观测时
5 能量约束 表示该调度方案中所有资源实
6 存储容量约束 表示该调度方案中所有星上接收
确 定
退 出

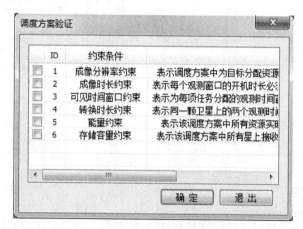

图 7-21 调度方案验证界面

当验证完成后，同样会有弹窗提示，并在“ErrorList.txt”文件中存放验证结果，包括调度方案中哪项任务不满足哪项约束，在该调度方案的基础上还有哪些任务可以被执行，以及可为其分配的卫星传感器资源和执行时间窗口。

任务评估模块展示了在当前给定资源、任务和约束条件情况下的任务完成情况。包括本次成像过程中带权重的成像目标的总数、任务完成理论上限、完成情况和因没有时间窗口、图像分辨率不满足、资源冲突未被安排、时间窗口不满足等因素而未能完成的

成像任务的情况。任务完成情况评估界面如图 7-22 所示，表示经过调度引擎模块获得的任务完成率结果。通过点击"详细信息"可以查看本次调度的最优结果。

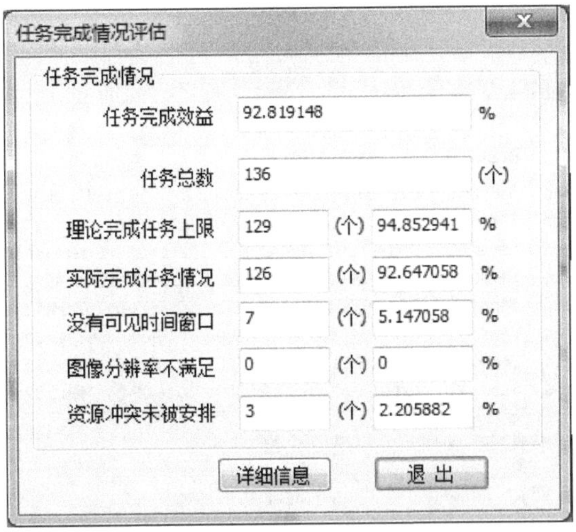

图 7-22　任务完成情况评估界面

资源评估模块展示了在当前给定资源、任务和操作约束条件情况下的资源利用情况。包括在本次成像过程中卫星系统中的每一项传感器资源的类型、状态、开关机时长、由该传感器完成的成像覆盖的总时长、资源利用率指标、总侧摆次数、总侧摆角度及活动资源的平均资源利用率。图 7-23 是本次调度结果中的资源评估情况，通过选中系统中的某项资源可以查看该资源的详细利用情况。

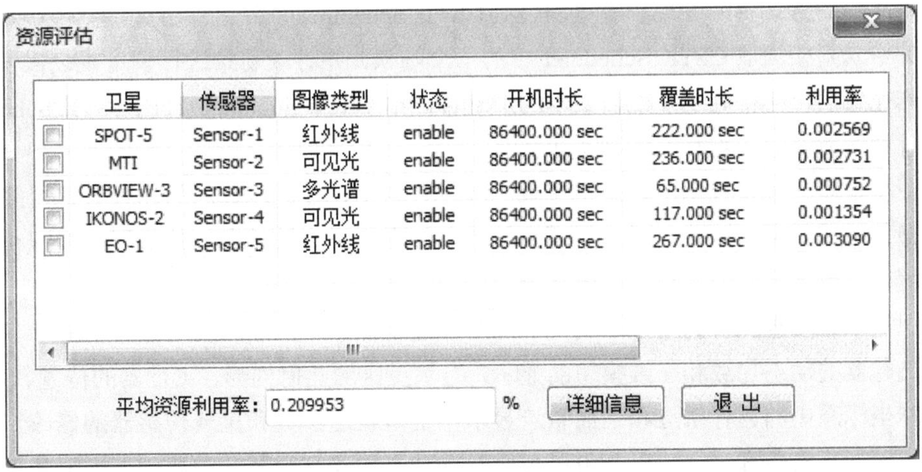

图 7-23　资源评估界面

时效性评估模块主要是针对应急任务和周期性成像任务。该模块展示了在当前给定资源、任务和约束条件情况下的时间分配情况，反映了在本次成像过程中，所有成像任务的成像时间窗口分布情况，包括每一项成像任务的调度结果、分配的资源、任务的时间限约束及是否有时延且时延时长，同时反映了本次调度过程中所有成像任务的平均响应时间、最大响应时长、任务时延个数及平均时延。图 7-24 所示是本次调度结果的时效性评估结果。

图 7-24　时效性评估界面

7.3.6　可视化展现模块

除了软件中提供的调度方案甘特图和卫星星座各项数据报表与图表的可视化显示，该软件还提供了与 CSTK Scheduler 软件的接口。CSTK Scheduler 软件可以借助数据库采用网络通信的方式将调度规划方案回传到 CSTK Scheduler 平台进行仿真，也可以以 XML 文件的格式直接读取 CSTK Scheduler 中的一个场景，并对该场景进行调度规划操作。调度操作完成后，再将调度方案以文本的形式传回给 CSTK Scheduler，在 CSTK Scheduler 中实现调度方案的二维和三维动态仿真。

卫星星座二维可视化仿真是指完成卫星运行状态、任意时刻所处的位置、星载传感器的覆盖范围、覆盖重数、卫星星下点轨迹、地面目标区域轮廓等的显示，实现仿真运行过程中场景的实时态势显示。图 7-25 为二维场景仿真界面。

卫星三维可视化仿真是指在真实的地心赤道坐标系中，实现实时描述卫星和其他各航天飞行器的动态加载和三维模型的显示，卫星星座的几何构形，飞行器的位置、姿态，在天球坐标系中的运行轨迹和地面轨迹显示，卫星轨道参数和星载传感器的修改，完成卫星星座的真实仿真运行情况，卫星星座对地球表面和空间区域的覆盖范围和覆盖重数等实时覆盖情况的显示，以及观测视点的实时切换。图 7-26 为三维场景仿真界面。

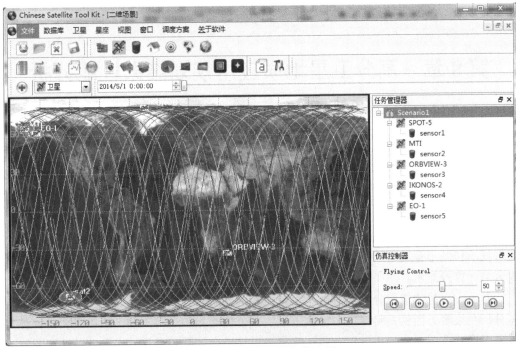

图 7-25　二维场景仿真界面

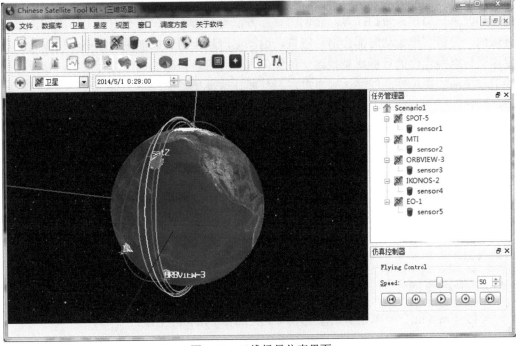

图 7-26　三维场景仿真界面

第8章 高分卫星地质应用规划结果性能分析

8.1 基本假定

规划结果性能分析实现了单一卫星和卫星星座的覆盖分析，考虑地球和卫星都在运动的过程中的卫星星下点轨迹计算；不考虑地面遮挡情况的地面覆盖区域计算及显示；考虑地面遮挡即最小观测角约束的地面覆盖区域计算及显示；考虑星载设备视角（包括矩形视场和圆形视场）情况的覆盖区域计算及显示；考虑星载设备侧摆扫描情况下的覆盖区域计算及显示。

对单颗卫星的覆盖分析和对整个卫星星座的覆盖分析原理基本一样，卫星星座的覆盖分析在很多方面就是将星座中每颗卫星的覆盖性能相加所得到的，所以只要能够计算单颗卫星的覆盖性能，也就很容易计算整个卫星星座的覆盖性能。在计算单颗卫星时，由于地球表面有大山和建筑物等会影响卫星对目标点的覆盖，所以在实际计算中要设置最小观测角。而且由于卫星所载的有效设备的类型不一样，对目标的覆盖方式也就不一样，如波束扫描和条带扫描等，它们的计算方法也有所不同。由于卫星上所载的能量是有限的，卫星在做运动时都会消耗能量，运动幅度越小消耗的能量就越小，所以对卫星星座进行组网优化的目标就是找到一种优化方案对卫星星座的构型进行重构，让重构后的卫星星座的覆盖性能能够达到要求，而且要让这种调整比较小。

8.2 资源及任务

8.2.1 资源及载荷

本节以高分卫星中可应用于地质探测的5颗卫星及其载荷作为任务规划与性能分析的资源。

1. 卫星资源

（1）1 m/4 m 分辨率光学成像卫星（下文简称 1 m/4 m 卫星）。

（2）2 m/8 m 分辨率多光谱成像卫星 A 星（下文简称 2 m/8 m A 星）。

（3）2 m/8 m 分辨率多光谱成像卫星 B 星（下文简称 2 m/8 m B 星）。

（4）1 m 分辨率 C 频段多极化 SAR 成像卫星（下文简称 SAR 成像卫星）。

（5）高光谱卫星。

2. 载荷资源

卫星及对应的 5 种传感器信息如下。

（1）1 m/4 m 卫星：1 m/4 m 相机。

（2）2 m/8 m 卫星：2 m/8 m 相机、3 m～5 m/10 m～12 m 相机。

（3）SAR 成像卫星：合成孔径雷达。

（4）高光谱卫星：高光谱相机。

8.2.2　任务定义

覆盖分析的 10 个探测目标区域的信息见表 8-1。

表 8-1　探测目标区域

目标区域	需求	覆盖周期	成像时间
伊宁	遥感矿化异常信息分布图		
伊宁	矿产资源分布预测图		
伊宁	矿产资源开发状况遥感调查图		
六盘水	矿产资源分布预测图		
六盘水	矿产资源开发状况遥感调查图		
六盘水	矿山环境遥感调查图		
六盘水	矿山环境遥感监测图		
三江源	矿山资源开发环境监测产品	每月	无要求
三江源	矿山资源开发环境监测产品	每月	无要求
三江源	矿山资源开发环境监测产品	每月	无要求

8.3　高分地质规划性能分析

8.3.1　单星覆盖结果分析

单星覆盖分析的结果分别见表 8-2（1 m/4 m 卫星）、表 8-3（2 m/8 m A 星）、表 8-4（2 m/8 m B 星）、表 8-5（SAR 成像卫星）、表 8-6（高光谱卫星）。

表 8-2　1 m/4 m 卫星覆盖分析结果

目标区域	第几天	该天结束时的覆盖率/%
伊宁	1	40
伊宁	2	40
伊宁	3	40
伊宁	4	40
伊宁	5	40
伊宁	6	77.5
伊宁	7	77.5
伊宁	8	77.5
伊宁	9	77.5
伊宁	10	100
六盘水	1	4.687 5
六盘水	2	6.25
六盘水	3	6.25
六盘水	4	6.25
六盘水	5	89.062 5
六盘水	6	89.062 5
六盘水	7	100
三江源	1	0.595 238
三江源	2	22.619
三江源	3	55.357 1
三江源	4	69.642 9
三江源	5	73.809 5
三江源	6	79.761 9
三江源	7	86.309 5
三江源	8	97.023 8
三江源	9	100

表 8-3　2 m/8 m A 星覆盖分析结果

目标区域	第几天	该天结束时的覆盖率/%
伊宁	1	90
伊宁	2	90
伊宁	3	90
伊宁	4	90
伊宁	5	92.5
伊宁	6	92.5
伊宁	7	92.5
伊宁	8	100
六盘水	1	3.125
六盘水	2	90.625
六盘水	3	90.625
六盘水	4	100
三江源	1	0.595 238
三江源	2	30.952 4
三江源	3	61.904 8
三江源	4	63.095 2
三江源	5	74.404 8
三江源	6	91.071 4
三江源	7	94.642 9
三江源	8	94.642 9
三江源	9	96.428 6
三江源	10	96.428 6
三江源	11	96.428 6
三江源	12	97.023 8
三江源	13	97.619
三江源	14	98.214 3
三江源	15	98.809 5
三江源	16	100

表 8-4　2 m/8 m B 星覆盖分析结果

目标区域	第几天	该天结束时的覆盖率/%
伊宁	1	0
伊宁	2	0
伊宁	3	90.000 0
伊宁	4	90.000 0
伊宁	5	90.000 0
伊宁	6	90.000 0
伊宁	7	90.000 0
伊宁	8	90.000 0
伊宁	9	90.000 0
伊宁	10	90.000 0
伊宁	11	90.000 0
伊宁	12	90.000 0
伊宁	13	90.000 0
伊宁	14	90.000 0
伊宁	15	90.000 0
伊宁	16	90.000 0
伊宁	17	90.000 0
伊宁	18	90.000 0
伊宁	19	90.000 0
伊宁	20	92.500 0
伊宁	21	92.500 0
伊宁	22	92.500 0
伊宁	23	92.500 0
伊宁	24	92.500 0
伊宁	25	92.500 0
伊宁	26	92.500 0
伊宁	27	97.500 0
伊宁	28	97.500 0
伊宁	29	97.500 0
伊宁	30	97.500 0

续表

目标区域	第几天	该天结束时的覆盖率/%
伊宁	31	100
六盘水	1	0
六盘水	2	0
六盘水	3	0
六盘水	4	28.125 0
六盘水	5	28.125 0
六盘水	6	79.687 5
六盘水	7	93.750 0
六盘水	8	93.750 0
六盘水	9	95.312 5
六盘水	10	95.312 5
六盘水	11	95.312 5
六盘水	12	95.312 5
六盘水	13	95.312 5
六盘水	14	100
三江源	1	44.642 9
三江源	2	55.357 1
三江源	3	65.476 2
三江源	4	86.904 8
三江源	5	90.476 2
三江源	6	91.071 4
三江源	7	95.833 3
三江源	8	96.428 6
三江源	9	96.428 6
三江源	10	98.214 3
三江源	11	98.809 5
三江源	12	99.404 8
三江源	13	99.404 8
三江源	14	99.404 8
三江源	15	100

表 8-5　SAR 成像卫星覆盖分析结果

目标区域	第几天	该天结束时的覆盖率/%
伊宁	1	0
伊宁	2	5.000 0
伊宁	3	10.000 0
伊宁	4	10.000 0
伊宁	5	10.000 0
伊宁	6	10.000 0
伊宁	7	85.000 0
伊宁	8	85.000 0
伊宁	9	85.000 0
伊宁	10	85.000 0
伊宁	11	90.000 0
伊宁	12	90.000 0
伊宁	13	90.000 0
伊宁	14	90.000 0
伊宁	15	90.000 0
伊宁	16	90.000 0
伊宁	17	90.000 0
伊宁	18	90.000 0
伊宁	19	90.000 0
伊宁	20	100
六盘水	1	0
六盘水	2	32.812 5
六盘水	3	32.812 5
六盘水	4	32.812 5
六盘水	5	32.812 5
六盘水	6	81.250 0
六盘水	7	81.250 0
六盘水	8	100
三江源	1	23.214 3
三江源	2	23.809 5

目标区域	第几天	该天结束时的覆盖率/%
三江源	3	45.833 3
三江源	4	66.071 4
三江源	5	80.952 4
三江源	6	83.928 6
三江源	7	87.500 0
三江源	8	93.452 4
三江源	9	100

表 8-6　高光谱卫星覆盖分析结果

目标区域	第几天	该天结束时的覆盖率/%
伊宁	1	0
伊宁	2	80.000 0
伊宁	3	80.000 0
伊宁	4	100
六盘水	1	0
六盘水	2	1.562 5
六盘水	3	1.562 5
六盘水	4	70.312 5
六盘水	5	70.312 5
六盘水	6	90.625 0
六盘水	7	90.625 0
六盘水	8	90.625 0
六盘水	9	95.312 5
六盘水	10	95.312 5
六盘水	11	100
三江源	1	41.071 4
三江源	2	42.261 9
三江源	3	57.142 9
三江源	4	57.142 9
三江源	5	71.428 6

目标区域	第几天	该天结束时的覆盖率/%
三江源	6	71.428 6
三江源	7	86.309 5
三江源	8	86.904 8
三江源	9	94.642 9
三江源	10	95.833 3
三江源	11	97.619 0
三江源	12	99.404 8
三江源	13	100
长三角	12	100

8.3.2 多星覆盖结果分析

采用三星（1 m/4 m 卫星、2 m/8 m A 星和 2 m/8 m B 星）对六盘水覆盖结果见表 8-7。

表 8-7 三星对六盘水覆盖分析结果

目标区域	第几天	该天结束时的覆盖率/%
六盘水	1	3.125 0
六盘水	2	98.437 5
六盘水	3	98.437 5
六盘水	4	100

采用四星（1 m/4 m 卫星、2 m/8 m A 星、2 m/8 m B 星和 SAR 成像卫星）对伊宁覆盖结果见表 8-8。

表 8-8 四星对伊宁覆盖分析结果

目标区域	第几天	该天结束时的覆盖率/%
伊宁	1	65.294 1
伊宁	2	91.176 5
伊宁	3	97.941 2
伊宁	4	100

采用四星（1 m/4 m 卫星、2 m/8 m A 星、2 m/8 m B 星和 SAR 成像卫星）对三江源覆盖结果见表 8-9。

表 8-9　四星对三江源覆盖分析结果

目标区域	第几天	该天结束时的覆盖率/%
三江源	1	52.976 2
三江源	2	76.190 5
三江源	3	97.023 8
三江源	4	100

采用多星对这些目标区域覆盖结果的三维仿真和二维仿真示意图如图 8-1 和图 8-2 所示。

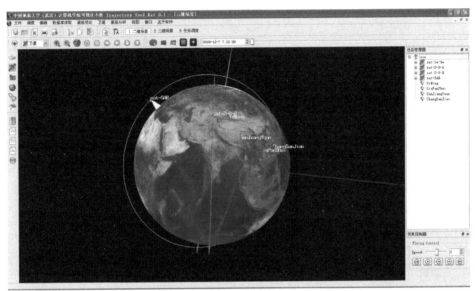

图 8-1　多星覆盖结果的三维仿真图

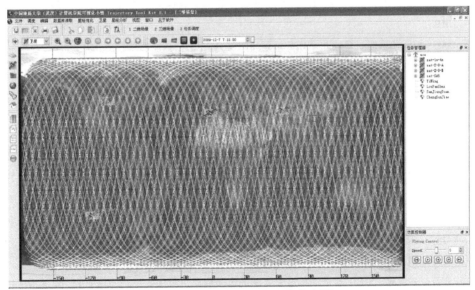

图 8-2　多星覆盖结果的二维仿真图

参 考 文 献

白保存, 2008. 考虑任务合成的成像卫星调度模型与优化算法研究. 长沙: 国防科学技术大学.

陈祥国, 武小悦, 2009. 蚁群算法在卫星数传调度问题中的应用. 系统工程学报, 24(4): 451-456, 488.

陈晓宇, 戴光明, 王茂才, 等, 2019. 多星联合对地观测调度规划方法. 北京: 北京邮电大学出版社.

段汕, 2004. 形态学及其在遥感影像处理中的应用研究. 武汉: 武汉大学.

范艺丹, 2013. 基于不同尺度遥感地质解译协同性分析: 以新疆塔什库尔干地区为例. 北京: 中国地质
   大学(北京).

郭玉华, 李军, 靳肖闪, 等, 2009. 复杂约束对地观测卫星成像调度技术研究. 电子学报, 37(10):
   2326-2332.

何川东, 2006. 成像卫星计划编制优化决策算法与可视化仿真技术研究. 长沙: 国防科学技术大学.

贺仁杰, 2004. 成像侦察卫星调度问题研究. 长沙: 国防科学技术大学.

贺仁杰, 高鹏, 白保存, 等, 2011. 成像卫星任务规划模型、算法及其应用. 系统工程理论与实践, 31(3):
   411-422.

靳肖闪, 李军, 2005. 基于拉格朗日松弛与最大分支算法的卫星成像调度算法, 宇航学报, 29(2):
   694-699.

康宁, 武小悦, 2011. 基于拉格朗日松弛的航天测控调度上界求解算法. 国防科学技术大学学报, 33(3):
   38-43.

李传荣, 贾媛媛, 胡坚, 等, 2008. HJ-1 光学卫星遥感应用前景分析. 国土资源遥感, 20(3): 1-3, 9.

李冬妮, 汪琴, 2014. 高分辨率遥感卫星影像的制图应用探讨. 江西测绘, 1: 40-42.

李泓兴, 豆亚杰, 邓宏钟, 等, 2011. 基于改进蚁群算法的成像卫星调度方法. 计算机应用, 31(6):
   1656-1659.

李菊芳, 2005. 航天侦察多星多地面站任务规划问题研究. 长沙: 国防科学技术大学.

李云峰, 武小悦, 2008. 遗传算法在卫星数传调度问题中的应用. 系统工程理论与实践, 1: 124-131.

刘立国, 王健, 2015. 3S 技术支持下的地理国情普查与监测. 科技资讯, 13(6): 20-21.

刘伟, 2008. 对地观测卫星任务规划模型与算法研究. 北京: 中国科学院研究生院(空间科学与应用研究
   中心).

冉承新, 熊纲要, 王慧林, 等, 2009. 电子侦察卫星任务规划调度模型与算法研究. 通信对抗, 1: 3-8, 13.

邵叶, 2011. 基于 D-InSAR 和 OffsetTracking 技术的同震形变场提取研究. 北京: 中国地震局地震预测研
   究所.

孙凯, 邢立宁, 陈英武, 2013. 基于分解优化策略的多敏捷卫星联合对地观测调度. 计算机集成制造系
   统, 19(1): 127-136.

田淑芳, 詹骞, 2013. 遥感地质学. 2 版. 北京: 地质出版社.

徐欢, 祝江汉, 王慧林, 2010. 基于模拟退火算法的电子侦察卫星任务规划问题研究. 装备指挥技术学
   院学报, 21(3): 62-66.

徐雪仁, 宫鹏, 黄学智, 等, 2007. 资源卫星(可见光)遥感数据获取任务调度优化算法研究. 遥感学报, 11(1): 109-114.

严珍珍, 陈英武, 邢立宁, 2014. 基于改进蚁群算法设计的敏捷卫星调度方法. 系统工程理论与实践, 34(3): 793-801.

杨自安, 刘碧虹, 邹林, 等, 2005. 黄土丘陵干旱区地下水资源遥感调查研究. 矿产与地质, 19(2): 213, 214-218.

王钧, 2007. 成像卫星综合任务调度模型与优化方法研究. 长沙: 国防科学技术大学.

王茂才, 戴光明, 宋志明, 等, 2016. 成像卫星任务规划与调度算法研究. 北京: 科学出版社.

王沛, 谭跃进, 2011. 多星联合对地观测调度问题的列生成算法. 系统工程理论与实践, 31(10): 1932-1939.

张廷秀, 陈殿义, 聂立军, 2003. 遥感技术在国土资源调查中的应用. 吉林地质, 22(4): 58-63.

张万鹏, 刘鸿福, 陈璟, 2010. 局部邻域搜索在对地观测卫星任务规划中的应用与扩展. 系统仿真学报, 22(S1): 152-157.

祝江汉, 黄维, 李建军, 等, 2011. 面向新任务插入的电子侦察卫星任务规划方法. 火力与指挥控制, 36(7): 174-177.

ARGOUN M B, 2012. Recent design and utilization trends of small satellites in developing countries. Acta Astronautica, 71: 119-128.

BARD J F, ROJANASOONTHON S, 2006. A branch-and-price algorithm for parallel machine scheduling with time windows and job priorities. Naval Research Logistics, 53(1): 24-44.

BENOIST T, ROTTEMBOURG B, 2004. Upper bounds for revenue maximization in a satellite scheduling problem. A Quarterly Journal of Operations Research, 2(3): 235-249.

BENSANA E, LEMAITRE M, VERFAILLIE G, 1999. Earth observation satellite management. Constraints, 4(3): 293-299.

BIANCHESSI N, 2006. Planning and scheduling problems for Earth observation satellites: Models and algorithms. Milano: Universit`a degli studi di Milano.

BIANCHESSI N, RIGHINI G, 2006. A mathematical programming algorithm for planning and scheduling an Earth observing SAR constellation. Proceeding of 5th International Workshop on Planning and Scheduling for Space, Baltimore.

BIANCHESSI N, CORDEAU J F, DESROSIERS J, et al., 2007. A heuristic for the multi-satellite, multi-orbit and multi-user management of Earth observation satellites. European Journal of Operational Research, 177(2): 750-762.

BIANCHESSI N, RIGHINI G, 2008. Planning and scheduling algorithms for the COSMO-SkyMed constellation. Aerospace Science and Technology, 12(7): 535-544.

BONISSONE P P, SUBBU R, EKLUND N, et al., 2006. Evolutionary algorithms + domain knowledge= real-world evolutionary computation. IEEE Transactions on Evolutionary Computation, 10(3): 256-280.

DAMIANI S, VERFAILLIE G, CHARMEAU M C, 2004. An anytime planning approach for the management of an Earth watching satellite. Proceeding of the 4th International Workshop on Planning and

Scheduling for Space, Darmstadt, Germany.

FLORIO S D, ZEHETBAUER T, NEFF T, 2005. Optimal operations planning for SAR satellite constellations. Proceeding of the 6th International Symposium on Reducing the Costs of Spacecraft Ground Systems and Operations, Darmstadt, Germany.

FRANK J, JONSSON A, MORRIS R, et al., 2001. Planning and scheduling for fleets of Earth observing satellites. Proceeding of the 6th International Symposium on Artificial Intelligence, Robotics, and Automation for Space, Montreal, Canada.

GABREL V, 2006. Strengthened 0-1 linear formulation for the daily satellite mission planning. Journal of Combinatorial Optimization, 11(3): 341-346.

GABREL V, MOULET A, MURAT C, et al., 1997. A new single model and derived algorithms for the satellite shot planning problem using graph theory concepts. Annals of Operations Research, 69: 115-134.

GABREL V, VANDERPOOTEN D, 2002. Enumeration and interactive selection of efficient paths in a multiple criteria graph for scheduling an Earth observing satellite. European Journal of Operational Research, 139(3): 533-542.

GABREL V, MURAT C, 2003. Mathematical programming for Earth observation satellite mission planning. Operations Research in Space and Air, 79: 103-122.

GLOBUS A, CRAWFORD J, LOHN J, et al., 2004. A comparison of techniques for scheduling Earth observing satellites. Proceeding of the 16th Conference on Innovative Applications of Artificial Intelligence, San Jose, CA, USA.

HABET D, VASQUEZ M, VIMONT Y, 2010. Bounding the optimum for the problem of scheduling the photographs of an agile Earth observing satellite. Computational Optimization and Applications, 47(2): 307-333.

LIN W, LIAO D, LIU C, et al., 2005. Daily imaging scheduling of an Earth observation satellite. IEEE Transactions on Systems, Man and Cybernetics, 35(2): 213-223.

MAO T, XU Z, HOU R, et al., 2012. Efficient satellite scheduling based on improved vector evaluated genetic algorithm. Journal of Networks, 7(3): 517-523.

MARINELLI F, NOCELLA S, ROSSI F, et al., 2011. A Lagrangian heuristic for satellite range scheduling with resource constraints. Computers & Operations Research, 38(11): 1572-1583.

MOUGNAUD P, GALLI L, CASTELLANI C, et al., 2005. A multi-mission analysis tool for Earth observation satellites. Proceeding of the 6th International Symposium on Reducing the Costs of Spacecraft Ground Systems and Operations, Darmstadt, Germany.

NIU X, TANG H, WU L, et al, 2015. Imaging-duration embedded dynamic scheduling of Earth observation satellites for emergent events. Mathematical Problems in Engineering: 1-31.

OBERHOLZER C V, 2009. Time window optimization for a constellation of Earth observation satellites, Pretoria: University of South Africa.

RIBEIRO G M, CONSTANTINO M F, LORENA L A, 2010. Strong formulation for the Spot 5 daily photograph scheduling problem. Journal of Combinatorial Optimization, 20(4): 385-398.

ROJANASOONTHON S, 2004. Parallel machine scheduling with time windows. Austin: University of Texas.

SALMAN A A, AHMAD I, OMRAN M G, 2015. A metaheuristic algorithm to solve satellite broadcast scheduling problem. Information Sciences, 322: 72-91.

SKOBELEV P O, SIMONOVA E V, ZHILYAEV A A, 2017. Application of multi-agent technology in the scheduling system of swarm of Earth remote sensing satellites. Procedia Computer Science, 103: 396-402.

SUN B, WANG W, XIE X, et al., 2010. Satellite mission scheduling based on genetic algorithm. Kybernetes, 39(8): 1255-1261.

VASQUEZ M, HAO J K, 2001. A logic-constrained knapsack formulation and a tabu search algorithm for the daily photograph scheduling of an Earth observation satellite. Computational Optimization and Applications, 20(2): 137-157.

VASQUEZ M, HAO J K, 2003. Upper bounds for the Spot5 daily photograph scheduling problem. Journal of Combinatorial Optimization, 7(1): 87-103.

VERFAILLIE G, LEMAITRE M, SCHIEX T, 1996. Russian doll search for solving constraints optimization problems. Proceeding of AAAI-96, Portland, USA.

WANG C, LI J, JING N, et al., 2011. A distributed cooperative dynamic task planning algorithm for multiple satellites based on multi-agent hybrid learning. Chinese Journal of Aeronautics, 24(4): 493-505.

WANG J, ZHU X, YANG L T, et al., 2015. Towards dynamic real-time scheduling for multiple Earth observation satellites. Journal of Computer and System Sciences, 81(1): 110-124.

WANG M, DAI G, VASILE M, 2014. Heuristic scheduling algorithm oriented dynamic tasks for imaging satellites. Mathematical Problems in Engineering: 1-11.

WANG P, REINELT G, 2010. A heuristic for an Earth observing satellite constellation scheduling problem with download considerations. Electronic Notes in Discrete Mathematics, 36: 711-718.

WANG P, REINELT G, GAO P, et al., 2011. A model, a heuristic and a decision support system to solve the scheduling problem of an Earth observing satellite constellation. Computers and Industrial Engineering, 61(2): 322-335.

WOLFE W J, SORENSEN S E, 2000. Three scheduling algorithms applied to the Earth observing systems domain. Management Science, 46(1): 148-168.

WU G, MA M, ZHU J, et al., 2012. Multi-satellite observation integrated scheduling method oriented to emergency tasks and common tasks. Journal of Systems Engineering and Electronics, 23(5): 723-733.

WU G, WANG H, PEDRYCZ W, et al., 2017. Satellite observation scheduling with a novel adaptive simulated annealing algorithm and a dynamic task clustering strategy. Computers and Industrial Engineering, 113: 576-588.

XHAFA F, SUN J, BAROLLI A, 2012. Genetic algorithms for satellite scheduling problems. Mobile Information Systems, 8(4): 351-377.

XHAFA F, HERRERO X, BAROLLI A, et al., 2013. Evaluation of struggle strategy in genetic algorithms for ground stations scheduling problem. Journal of Computer and System Sciences, 79(7): 1086-1100.

XU R, CHEN H, LIANG X, et al., 2016. Priority-based constructive algorithms for scheduling agile Earth observation satellites with total priority maximization. Expert Systems with Applications, 51: 195-206.

XU Y, XU P, WANG H, et al., 2010. Clustering of imaging reconnaissance tasks based on clique partition. Operations Research and Management Science, 19(4): 143-149.

YAO F, LI J, BAI B, et al., 2010. Earth observation satellites scheduling based on decomposition optimization algorithm. International Journal of Image, Graphics and Signal Processing, 2(1): 10-18.

ZHAI X, NIU X, TANG H, et al., 2015. Robust satellite scheduling approach for dynamic emergency tasks, Mathematical Problems in Engineering, 2015: 1-20.

ZHENG Z, GUO J, GILL E, 2017. Swarm satellite mission scheduling and planning using hybrid dynamic mutation genetic algorithm. Acta Astronautica, 137: 243-253.